Helga Witt

Schmusepuppen aus Stoff selbermachen

Aug[illegible]erlag

Vorwort

Schon als Kind hatte ich den Wunsch, eine Käthe-Kruse-Puppe zu besitzen oder wenigstens einmal damit zu spielen. Aber leider hatten meine Eltern damals kein Geld für diese Puppen, die heute zu den Kostbarkeiten meiner Puppensammlung zählen.

Meine Liebe zu den Puppen blieb. Jahrelang suchte ich vergeblich nach einer Möglichkeit, das »Puppenmachen« zu lernen – bis ich 1985 in einer Zeitschrift eine Bastelanleitung entdeckte.

Damit fing alles an. Ich verliebte mich sofort in die kleinen Stoffpuppen mit ihren niedlichen Gesichtern und hübschen Kleidchen. Für jede meiner beiden Töchter machte ich eine solche Puppe: Die Kinder waren begeistert und nahmen die Puppen freudestrahlend »in Gebrauch«.

Eine Freundin überredete mich, selbst einmal einen Puppenkurs zu geben – was ich in Freizeiteinrichtungen und Kindergärten seit über acht Jahren mit Begeisterung tue.

Vor vier Jahren habe ich den großen Schritt gewagt: Ich habe mich selbständig gemacht. Mein kleiner Puppenladen in Düsseldorf ist seitdem Treffpunkt großer und kleiner Puppenmütter.

Es kommen aber nicht nur Schülerinnen, Hausfrauen, Mütter oder Rentnerinnen. Sogar Väter finden Spaß am Puppenbasteln!

Durch dieses Buch sollen ganz besonders Kinder, die gern mit Puppen spielen, Spaß und Freude haben. Und ich möchte natürlich Mütter, Väter, Großmütter und alle Interessierten für das schöne Hobby Puppenmachen begeistern!

Helga Witt

Inhalt

Alle Puppen im Überblick

Mit diesem Buch können Sie drei verschiedene Puppentypen herstellen:

Die **Schmusepuppen** sind am einfachsten und schnellsten zu machen. Der bunte Spielanzug ist im Handumdrehen genäht und ausgestopft. Sie müssen also keinen Körper schneidern. Vor allem die ganz Kleinen schließen die kuscheligen Püppchen schnell ins Herz. Praktisch: die Puppen sind waschbar und machen eine Menge mit.

So richtig zum Liebhaben und Kuscheln sind die Schmusepuppen mit weichem Wattekörper (rechts).

Größere Kinder lieben **Gliederpuppen,** die sie nach Herzenslust an- und ausziehen können. Das Baby und die Kinderpuppe gibt es in drei Größen. Sie haben den gleichen Körper und unterscheiden sich nur in den Schnitten für Arme und Beine: Beim Baby sind Arme und Beinchen stärker angewinkelt.
Alle Gliederpuppen bekommen selbstgenähte Puppenkleider.

Wer schon ein bißchen Erfahrung und Übung hat, wird sich auch einmal an eine **Charakterpuppe** »trauen«. Der Körperschnitt ist der gleiche wie bei den Gliederpuppen, aber die Detailarbeiten, z.B. beim Formen eines Großmuttergesichts, erfordern Geduld und Fingerspitzengefühl. Dafür werden Sie aber in jedem Fall mit einer unverwechselbaren Puppen-Persönlichkeit belohnt, die es kein zweites Mal gibt.

Charakterpuppen wie die liebenswerte Großmutter haben ein besonders modelliertes Gesicht (oben).

Drei Gliederpuppen-Mädchen: Allein durch Abwandeln von Frisur und Kleidung entsteht jedesmal eine neue kleine Persönlichkeit (unten).

Material und Werkzeug

In den folgenden Listen finden Sie sämtliche Zutaten, die Sie brauchen. Was Sie für die einzelnen Arbeitsschritte und die verschiedenen Puppen griffbereit haben sollten, wird jeweils an den Kapitelanfängen wiederholt. Sicher stellen Sie erfreut fest, daß Sie viele Dinge sowieso schon im Haus haben:

Stoffe und Garne

Reste von alten Leintüchern
Wattevlies
Hautfarbener/dunkelbrauner Trikotstoff für Gesicht und Körper
Füllwatte
Baumwollstoff (Reste) oder Nickistoff
Mohair-, Bouclėwolle oder Langhaar-Mohairplüsch oder Fellreste
Schlauchverband (5 und 6 cm breit)
Nähgarn (in Weiß, Haut und farbig, je nach Kleiderstoffen)
Weißes, gewachstes Abbindegarn
Hautfarbenes Abbinde- oder Häkelgarn
Elastik-Gummilitze
Faltenband
Schrägband
Zubehör für die Puppenkleider: Knöpfe, Druckknöpfe, Borten, Spitzen . . .

Nähutensilien

Nähmaschine
Nähmaschinennadeln (unbedingt eine Jerseynadel)
Nähnadel-Sortiment
Stecknadeln mit Glas- und mit Stahlkopf
Häkelnadel (Größe 3 bis 3,5; für Bouclégarn Größe 5)
Zentimeter-Maßband
Haushalts-Gummiringe
Stoffschere
Bügeleisen

Wer keine Nähmaschine hat, kann die Puppen auch ganz per Hand nähen.

Nähmaschine, Draht-Haarbürste, Mohair- oder Bouclėwolle in verschiedenen Farben, kleingemusterte oder unifarbene Baumwollstoffe (auch Reste), Nickistoff, Webpelz.

Leinen
Aus dem **Haushaltsleinen** wird eine feste Rolle gewickelt, die später dem Puppenrumpf Stabilität gibt („Bauchrolle"). Als praktisch und preiswert hat sich für diesen Zweck altes Bettzeug bewährt, das in Streifen gerissen wird. Die Maße richten sich nach der jeweiligen Puppe.

Vlies, Füllwatte, Trikot
Wattevlies, 4 cm dick und 15 cm breit, sowie waschfeste **Füllwatte** zum Ausstopfen der Puppenkörper bekommen Sie im Bastelgeschäft. Dort können Sie sich auch gleich den **Trikotstoff** für Kopf und Körper besorgen (beides u.a. von Glorex oder Prandell). Es gibt speziellen Gesichts- und fester gewebten Körpertrikot.

Schlauchverband
Der elastische **Schlauchverband** ist in der Apotheke erhältlich, mittlerweile auch in Bastelgeschäften. Er besteht aus reiner Baumwolle und ist für unsere Zwecke ideal. Kaufen Sie die 5 cm breite Ausführung für kleinere, die 6 cm breite für größere Puppen.

Wolle
Aus **Wolle** häkeln und knüpfen Sie die Haare der Puppen. Besonders schön ist Mohair. Für ganz kleine Kinder, die noch alles in den Mund nehmen, sollten Sie es aber nicht verwenden. Lustige Wuschelköpfe entstehen aus Schlingengarnen wie **Bouclé- oder Loop-Wolle.**

Garne
Bei den **Nähgarnen** für Maschinen- und Handnähte empfiehlt sich reißfester Polyesterfaden, sogenannter Allesnäher.

Zum Abbinden wählen Sie einen stabilen gewachsten Leinenzwirn in Weiß und Haut, den Sie auch als **Abbindegarn** im Bastelgeschäft bekommen (u.a. Glorex, Prandell). Genauso gut ist mittelstarkes hautfarbenes **Baumwoll-Häkelgarn.**

Wattevlies, Bastel-Füllwatte, aufgerollte Leintuch-Streifen (»Bauchrolle«), weißes und hautfarbenes Häkelgarn, hautfarbenes Nähgarn, hautfarbener und dunkelbrauner Trikotstoff, Schere, Nähnadeln, Nähmaschinennadeln (Jersey), Häkelnadel, Stecknadeln, Maßband, Haushalts-Gummiringe, Schlauchverband, Bleistift, Augenmalfarben in Fläschchen, Augenstempel-Set, rote Wachsmalkreide, Wasserbecher, Pinsel, Papiertaschentücher.

Kleiderstoffe und Zubehör
Für die Puppengarderobe können Sie in Ihrer Restekiste wühlen: Hier kommen auch zu klein gewordene Kindersachen zu neuen Ehren! Am besten eignen sich bunte unifarbene oder kleingemusterte **Baumwollstoffe** (Westfalenstoffe). Besonders kuschelig ist auch **Nickistoff.**

Mit fertigem **Schrägband,** das es in vielen Farben gibt, lassen sich Ausschnittkanten im Handumdrehen sauber einfassen. Sie können natürlich Schrägband auch selbst schneiden (5 cm breit).

Fertiges **Faltenband** brauchen Sie ausschließlich für den Kragen eines Clown-Kostüms.

Alle Nähutensilien bekommen Sie in Spezialgeschäften oder den Kurzwarenabteilungen der Kaufhäuser.

Malutensilien

Pinsel, Größe 2 (oder dünner)
Augenstempel oder
Nagel mit größerem flachen Kopf
Augenmalfarben
Rote Wachsmalkreide
Wasserbecher
Papiertaschentücher
Bleistift
Papier
(Evtl. Bastelkleber)

Pinsel
Beim **Pinsel** sollte man nicht sparen! Ob Natur- oder Kunsthaar: er sollte in jedem Fall eine feine Spitze haben. Wenn Sie öfters malen, lohnt der Kauf eines hochwertigen Rotmarder-Künstlerpinsels. Pinsel bitte nie mit den Haaren nach unten abstellen!

Augenstempel und Farben
Augenstempel und spezielle **Augenmalfarben** für Stoffpuppen (u.a. Glorex, Prandell, Deka) bekommen Sie im Bastelgeschäft.

Der Augenstempel erleichtert das Augenmalen; ersatzweise tut's auch ein **Nagel mit flachem Kopf.**

Die fertigen Augenfarben haben den Vorteil, daß sie nicht extra fixiert werden müssen, in kleinen Mengen und als fertig gemischte natürliche Farbtöne erhältlich sind. Ersatzweise können Sie Stoffmalfarben (ohne Bügelfixierung!) nehmen, Sie brauchen in jedem Fall Rot, Schwarz, Weiß und Braun; dazu je nach gewünschter Augenfarbe Blau oder Grün.

Sonstiges
Als **Wasserbecher** eignen sich alte Gläser, Joghurtbecher u.a. Dünnes, etwas durchscheinendes **Papier** brauchen Sie zum Abpausen der Schnittmuster. Am besten geeignet sind Schnitt-, Transparent-, Pergament- oder einfach Butterbrotpapier.

Ungiftiger **Bastelkleber** dient zum Fixieren modellierter Gesichtszüge (nur bei Charakterpuppen).

Wenn Sie Probleme mit dem Einkaufen haben: Sie können sämtliche Bastel-Zutaten auch bei der Autorin beziehen.

Schreiben Sie an:
Puppen zum Selbermachen
Frau Helga Witt
Sonnenstraße 93
40227 Düsseldorf
Telefon 0211/775090

Arbeitsanleitung für alle Puppentypen

Egal welche Kuschelpuppe Sie machen möchten – in diesem Kapitel zeigen wir Ihnen **alle Arbeitsschritte, die bei sämtlichen Puppen gleich sind**: nämlich das Anfertigen von Kopf und Rumpf-Rohling, das Bemalen der Gesichter und die Ausstattung mit dem passenden Haarschopf.

Ein paar Vorarbeiten

Sie brauchen:
Wattevlies
Leintuch-Rest
Schere
Maßband

Im Kapitel **Zuschneidepläne und Maße** (ab Seite 60) finden Sie all diejenigen Angaben, die je nach Puppentyp und -größe unterschiedlich sind.

Wattevlies zuschneiden

Schlagen Sie als erstes den Zuschneideplan für die Puppe Ihrer Wahl auf. Dort wird erklärt, wie Sie das Wattevlies richtig zuschneiden. Sie brauchen es gleich für den Kopf und den Rumpf-Rohling.

Bauchrolle wickeln

Unter den Maßen finden Sie Länge und Umfang der Bauchrolle. Reißen Sie das große Stoffstück (Leinen, altes Bettzeug) in lange Streifen. Diese sind so breit, wie die Bauchrolle später lang sein soll.

Jetzt wickeln Sie die Streifen wie einen Verband gleichmäßig straff auf. Und zwar so lange, bis ihre Dicke dem gewünschten Durchmesser entspricht. Das ergibt die längliche, feste Rolle für den Puppen-Rumpf.

Wichtige Maße

Notieren Sie jetzt noch folgende Maße, damit Sie sie beim Fertigen von Kopf und Rumpf griffbereit haben:

- **Umfang und Länge der Bauchrolle**
- **Kopfumfang**
- **Länge der Schlauchverband-Stücke**
- **Länge des Abbindegarns**
- **Format des Gesichtstrikot-Stücks.**

So, und jetzt kann's losgehen!

Kopf und Rumpf-Rohling

Sie brauchen:
Bauchrolle aus Leintuch-Streifen
Die zugeschnittenen Wattevlies-Streifen
Nähgarn, weiß
Weißes Abbindegarn, Länge je nach Puppe 0,50 bis 1,80 Meter
Haushalts-Gummiband
Häkelnadel
Nähnadeln
Schere
Maßband
Hautfarbener Puppentrikot fürs Gesicht

Als erstes: der Kopf
Den Schlauchverband zur Hand nehmen und an einem Ende fest mit dem Leinenzwirn abbinden. Das Ende 1,5 cm überstehen lassen. Kurz beiseite legen.

Sofern Sie's noch nicht haben: teilen Sie die beiden Halsstreifen horizontal in zwei Lagen, so daß Sie **zwei dickere und zwei dünnere Hals-Streifen** bekommen.

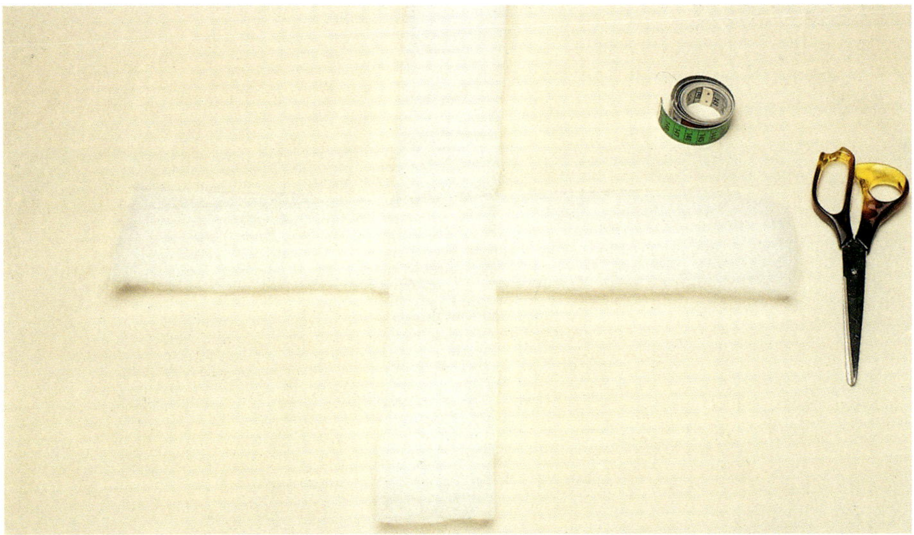

Die beiden dickeren Streifen mit der flauschigen Seite nach unten auf den Tisch legen, und zwar über Kreuz.

Die beiden dünneren Streifen diagonal darüberlegen – ein Stern entsteht.

Jetzt **die beiden Vliesstreifen für die Kopfrolle** nehmen. Den ersten ungeteilt fest aufwickeln.

Den anderen Streifen in zwei gleiche Lagen teilen und um die längliche Kopfrolle wickeln.

Halten Sie die Kopfrolle dabei immer in gleicher aufrechter Position, und umwickeln Sie sie nur senkrecht, immer von oben nach unten.
Sie bekommen einen dicken, eiförmigen Ball.

Diesen Kopf-Ball stellen Sie hochkant genau in die Mitte des Sterns.

Jetzt wird der Ball fest mit den Halsstreifen umhüllt. Das geht so am einfachsten: Halten Sie mit der linken Hand den Kopf mit den bereits hochgeschlagenen Streifen so lange zusammen, bis Sie mit der rechten jeden einzelnen Vliesstreifen um den Kopfkern gelegt haben (Linkshänder umgekehrt).

Den **Schlauchverband** über die rechte Hand ziehen, so daß der Knoten außen vorn an Ihren Fingern sitzt.

Der Schlauch wird nun über den eingewickelten Ball gestülpt, den Sie mit der linken Hand am Halsansatz festhalten. Die abgebundene Seite des Schlauchverbandes liegt innen, oben auf der Mitte des Kopfes.

Jetzt wird der Kopf-Rohling in Form gebracht:
Nehmen Sie ihn dazu in die rechte Hand und drücken den Watteball mit der linken Hand fest nach oben in den Schlauchverband.

Dabei ziehen Sie mit der rechten Hand den Schlauchverband immer wieder etwas nach unten, so daß Luft entweichen kann und die Hülle schön stramm sitzt.

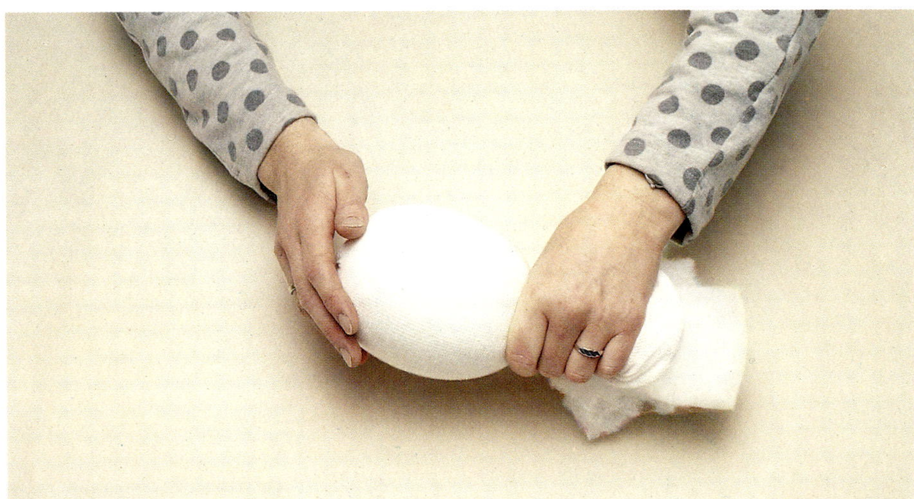

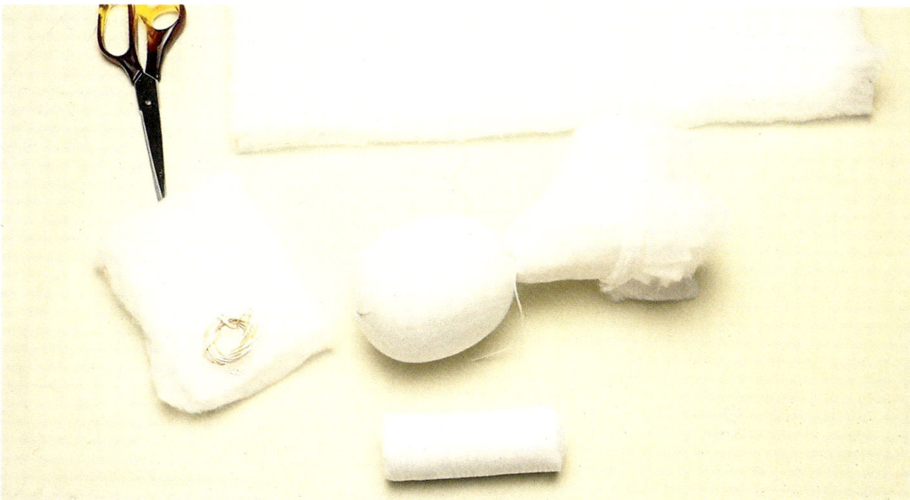

Wenn das Köpfchen den gewünschten Umfang hat (Maße aus Zuschneideplänen ab Seite 60), wird es fixiert: Nehmen Sie hierzu das Abbindegarn und binden den Kopf mit den überstehenden Halsbändern fest ab.

Die aus dem Hals heraushängenden Vliesstreifen nicht abschneiden!

Und jetzt: der Rumpf
Den unteren Teil des Schlauchverbandes über Hals und Kopf zurückziehen, so daß die Halsbänder sichtbar sind.

Die Halsstreifen werden leicht auseinandergezogen, bis sie wieder sternförmig aufgefächert sind.

Jetzt nehmen Sie die **Bauchrolle** und stecken sie genau in die Mitte des Halsstreifen-Sterns. Die Halsstreifen wieder wie vorher darüberlegen. Nehmen Sie den letzten Vliesstreifen und umwickeln Sie damit den Bauchrolle-Vlies-Rumpf.

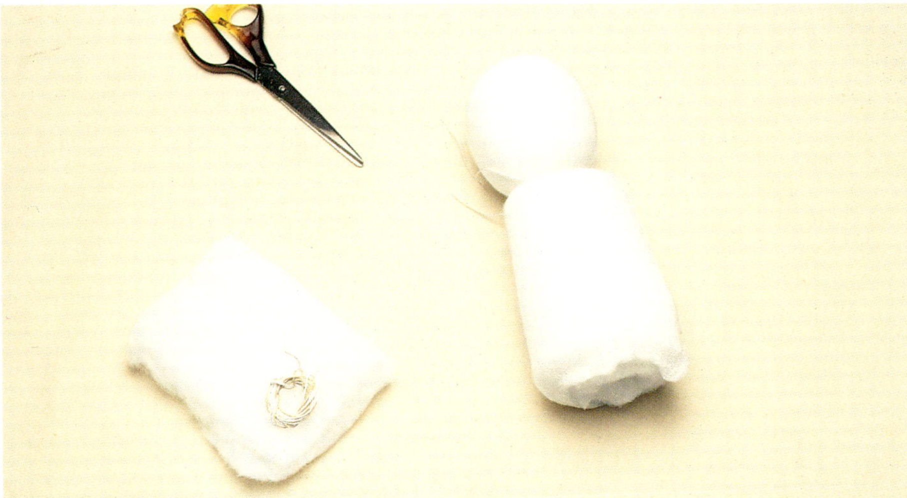

Den Schlauchverband wieder ganz über das Rumpfstück ziehen und am unteren Rumpfende von Hand einreihen. Die Länge des Körpers sollte etwa das Eineinhalbfache der Kopflänge betragen.

Den überstehenden Schlauchrand nach innen einschlagen.

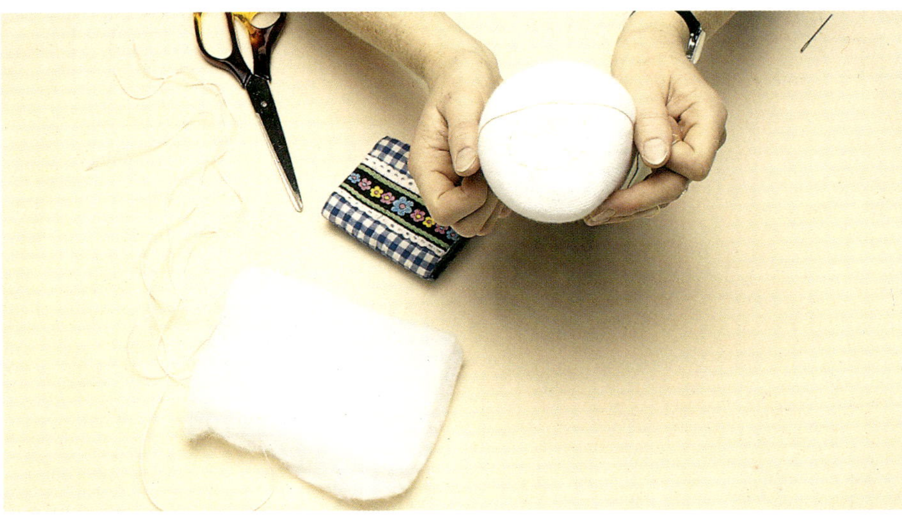

Nun ziehen Sie den Kräuselfaden fest an und ziehen den Schlauchverband zusammen. Reihfaden gut verknoten. Der Rumpf ist jetzt auch unten geschlossen und damit fertig!

Wichtig: die Gesichtseinteilung
Sie brauchen zwei Stück Abbindegarn. (Länge siehe ab Seite 60). Mit dem ersten formen Sie auf dem Tisch zwei Schlaufen, die wie ein doppeltes »e« aussehen. Dann legen Sie das erste »e« auf das zweite.

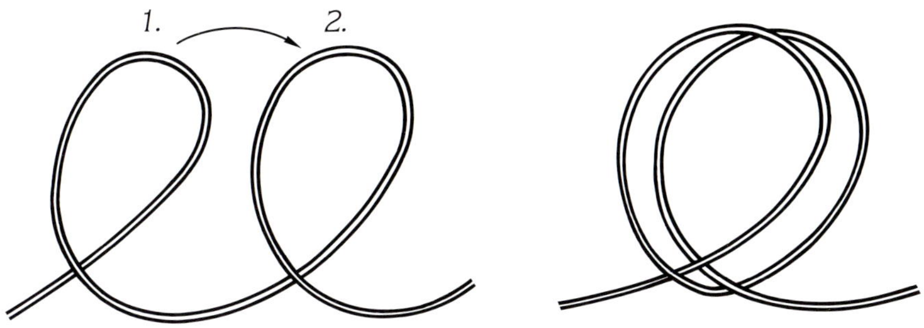

Den Fischerknoten nehmen Sie immer zum Abbinden. Ein Fadenende kommt von rechts, eins von links.

Dieser **Fischerknoten** wird jetzt **waagerecht** um den Kopf gelegt, etwa zwei Maschenreihen unterhalb der Kopfmitte. Die Fäden anziehen, damit sich oberer und unterer Kopfteil herausbilden. Mit diesem Faden haben wir die **Augenlinie** bestimmt.

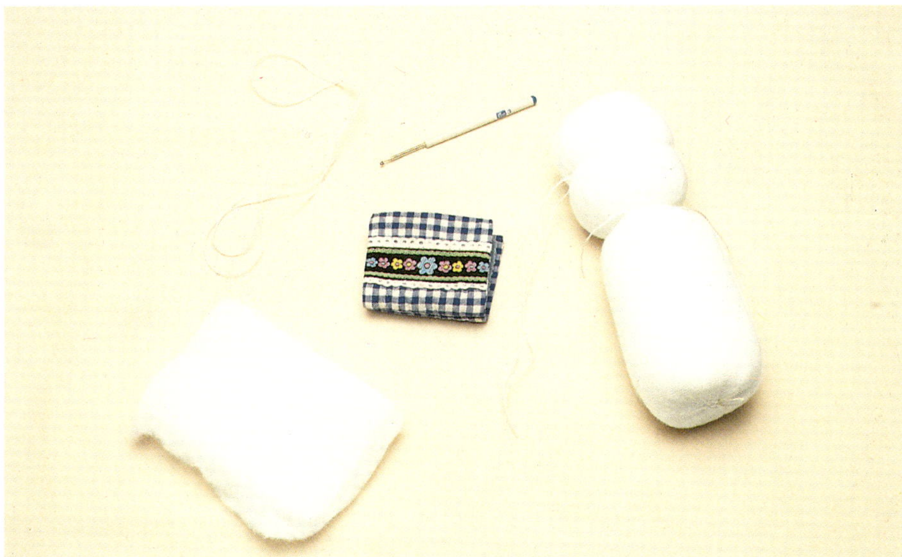

Das zweite Stück Abbindegarn wird wieder zu einem Fischerknoten gelegt, aber diesmal **senkrecht** um den Kopf gebunden.

Wichtig ist, daß schon jetzt die »schöne« Seite des Kopfes für das Gesicht festgelegt wird. Denn mit diesem zweiten Faden legen Sie **Wangenlinie und Hinterkopf** fest.

Dieser Faden wird vorn als **»Kinnfaden«** etwas angezogen, damit das Gesicht Kontur bekommt. Das Köpfchen ist jetzt rundherum »geviertelt«. Wenn Sie jetzt alle Fadenenden nochmal vorsichtig anziehen, wirkt das Gesicht richtig plastisch.

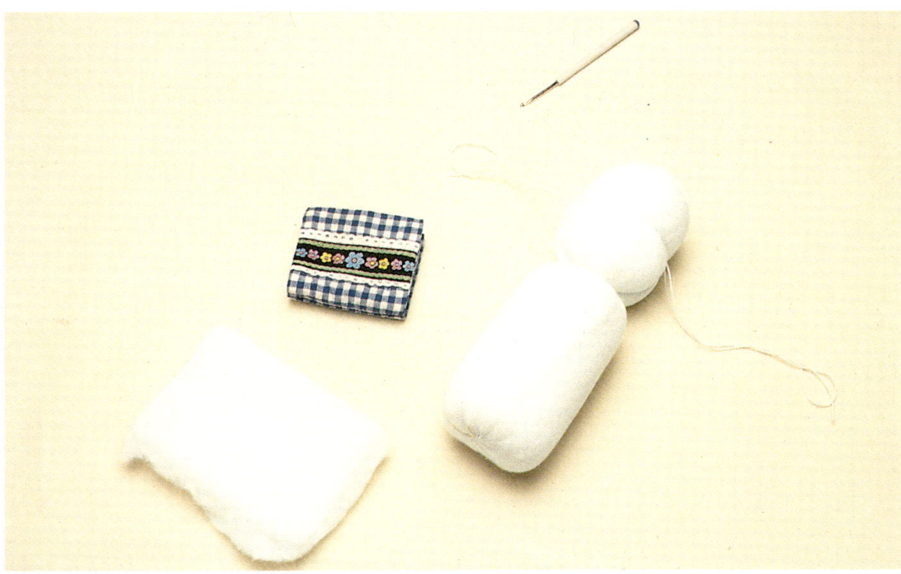

Zwei Knoten für die Haltbarkeit
Wir haben vier Fadenenden. Je ein beliebiges Fadenpaar zu den beiden Ohrpunkten ziehen – das heißt zu den beiden Kreuzungspunkten des waagerechten Augenfadens mit dem senkrechten Wangenfaden.

Die Fäden jeweils auf dem linken und auf dem rechten Ohrpunkt mit einem speziellen Knoten fixieren:

Mit der Häkelnadel wird ein Fadenende des Fadenpaares diagonal unter dem Augenfaden durchgezogen. Das andere Ende des gleichen Fadenpaares auch diagonal – aber andersherum – durchziehen.

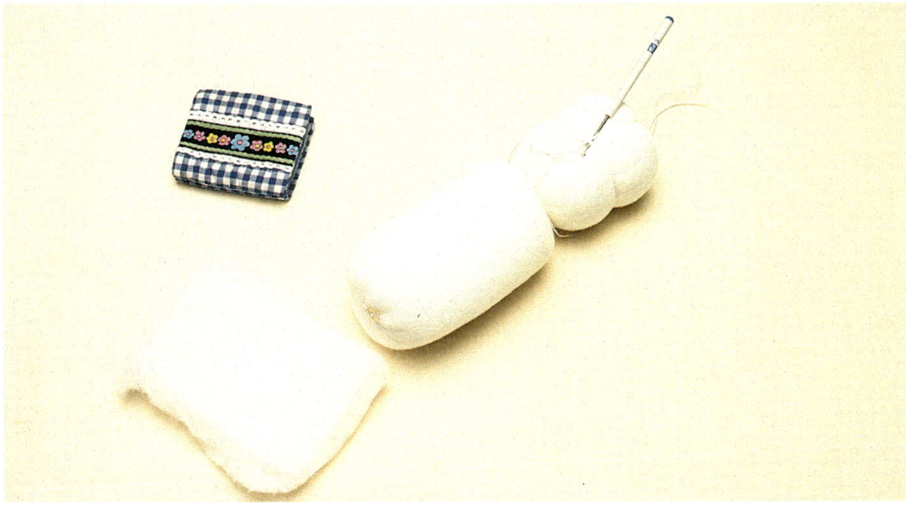

Die beiden Enden mit einem festen Doppelknoten sichern.

Nachdem Sie das andere Fadenpaar genauso behandelt haben, verknoten Sie alle vier Fadenenden oben auf dem Kopf und kürzen sie bis auf etwa 1 cm.

Der Hinterkopf
Sie erinnern sich: das Gesicht ist dort, wo der Kinnfaden ist. Um den Hinterkopf zu formen, schieben Sie den waagerechten Augenfaden mit der Häkelnadel zum Nacken herunter.

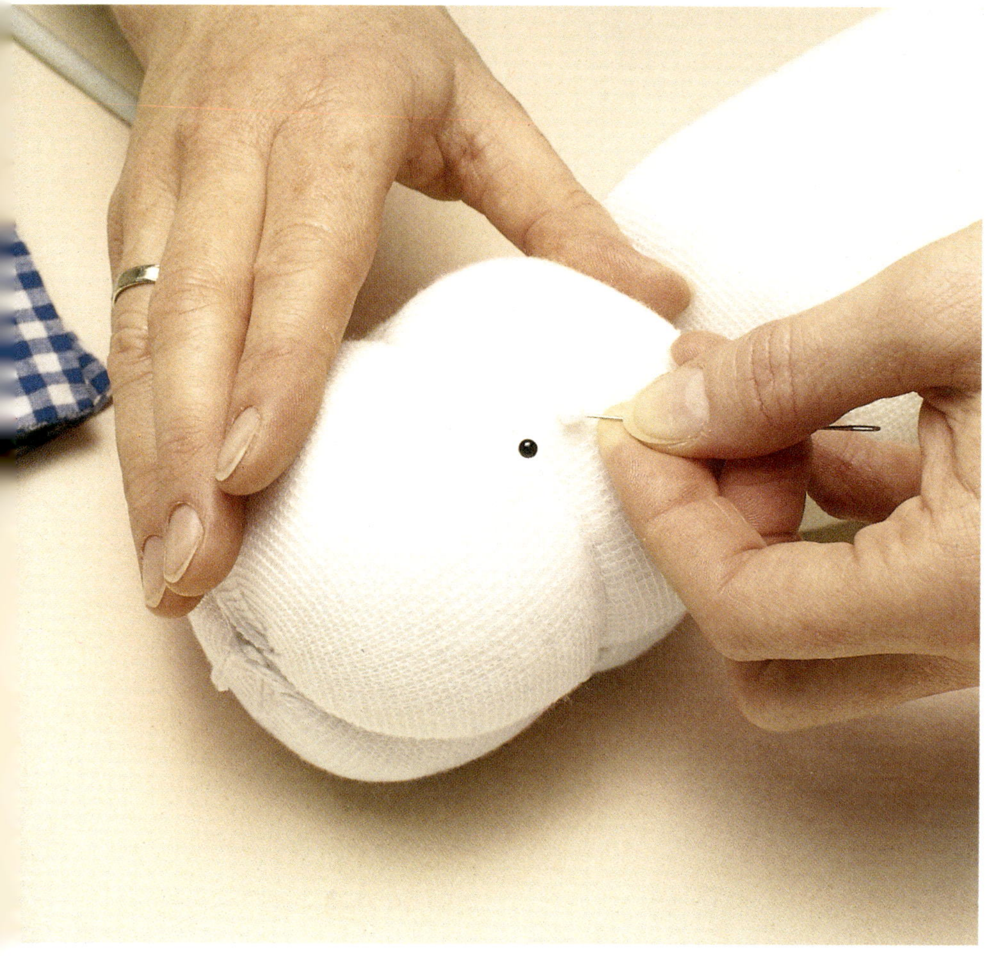

Gar nicht schwer: die Nase
Auf der Gesichtsseite unterhalb des Augenfadens den Abstand von Ohrpunkt zu Ohrpunkt messen. Die Mitte mit einer Glaskopf-Stecknadel markieren.

Nun mit einer spitzen Nähnadel in Höhe der dritten oder vierten Masche unter dem Augenfaden vorsichtig ein wenig Vlies aus dem Schlauchverband herauszupfen.

Hier braucht man etwas Fingerspitzengefühl. Ein kindliches Stupsnäschen sollte rund, erbsengroß und schön fest sein, damit es auch später seine Form behält. Am besten ausprobieren: legen Sie immer wieder das hautfarbene Gesichtstrikot zur Probe über die Nasenform.

Wenn Sie Nasenlöcher machen möchten, lesen Sie Seite 57.

Nun mit Trikot bespannen
Sobald das Näschen paßt, ziehen Sie das Stück Gesichtstrikot stramm um den gesamten Kopf. Mit Stecknadeln an der Mitte des Hinterkopfes feststecken. Achten Sie auf einen genau senkrechten und geraden Fadenlauf!

Der Gesichtstrikot wird jetzt mit Hexen- oder Kreuzstichen rundherum am Kopf festgenäht. Die Hinterkopf-Naht wird zunächst nur bis zur Mitte geschlossen.

Damit an der Augenlinie nicht zuviel Trikot heruntergezogen wird, legen Sie dort einen Haushaltsgummi waagerecht um den Kopf (Foto unten).

Das untere Trikotstück glattziehen und mit Stecknadeln am Rumpfvorder- und Rückenteil feststecken. Mit hautfarbenem Abbindegarn einen Fischerknoten (siehe Seite 17) um den Puppenhals legen und vorsichtig zuziehen. Dabei unbedingt darauf achten, daß es zum Gesicht hin keine Falten gibt!

Jetzt den Trikotstoff hinten etwas übereinanderlegen. Diese Mittelnaht und die übrigen Kanten rundherum mit Hexenstich am Rumpf festnähen.

Die Augen bekommen Kontur
Damit der Trikot auch in der Augenlinie schön eng anliegt, wird jetzt ein weiterer »**Augenfaden**« eingezogen:

Dazu markieren Sie zuerst die Augen mit vier Stecknadeln. Dabei müssen Sie den Augenfaden unter dem Trikot treffen: So bekommen Sie die richtige Augenhöhe.

Von der Nase aus, nach beiden Seiten, wird im Abstand von 0,8 bis 1,1 cm (je nach Puppe) je eine Stecknadel gesteckt.

Von dieser Nadel nochmal jeweils 0,6 cm in Richtung Ohr abmessen und je eine weitere Nadel stecken.

Mit dem hautfarbenen Abbindegarn und einer langen spitzen Nähnadel wird jetzt von einem Punkt hinter dem rechten Ohr bis zur ersten Nadel (äußerer rechter Augenwinkel) ein langer Stich gemacht. Gehen Sie dabei etwa 2 mm unter den Trikot.

Wichtig: der Faden muß genau am Stecknadel-Punkt wieder herauskommen, die Stecknadel also entfernen.

Stechen Sie nun von diesem Punkt zur zweiten Nadel (dem inneren rechten Augenwinkel). Dieser Stich liegt sichtbar auf dem Trikot.

Entfernen Sie die zweite Stecknadel und führen den Faden wieder unsichtbar unter dem Trikot zum linken Auge. Dort kommen Sie beim linken inneren Augenwinkel heraus (Stecknadel entfernen), stechen beim äußeren Augenwinkel wieder unter den Trikot und kommen schließlich hinter dem linken Ohr wieder heraus.

Gleich haben Sie's geschafft: Legen Sie den Nähfaden an beiden Ohrpunkten zur Schlaufe. Ziehen Sie die Schlaufe mit der Nadel fest an den Kopf. Knoten verdoppeln. Der Trikot liegt fest auf der Augenlinie.

So – das Köpfchen mit dem Rumpf-Rohling ist fertig!
Damit haben Sie sozusagen den »Grundbaustein« für Ihre Puppe. Wie er für Schmuse-, Glieder- und Charakterpuppen weiterverarbeitet wird, sehen Sie in den folgenden Kapiteln.

Das Gesicht bemalen

Mit einfachen Punkten und Linien wird das Puppengesicht gemalt.
Klein Simon meint: »Mit Anleitung ein Kinderspiel!«

Sie brauchen:
Kopf und Rumpf-Rohling
Trikotrest zum Üben
Stoffmalfarben (rot, schwarz, weiß, braun, blau, grün)
Roter Wachsmalstift
Maßband
Pinsel
Nagel mit großem flachen Kopf oder Augenstempel Größe 6
Stecknadel mit Stahlkopf
Wasserbecher
Papiertaschentuch

Ein Tip vorab: Bevor Sie ins reine malen (Vorzeichnen ist nicht möglich), üben Sie auf einem separaten Rest Gesichtstrikot.

Augenstempel und Pinsel sollten Sie immer gleich nach Gebrauch mit Wasser und Papiertaschentuch reinigen, bevor die Farbe eintrocknet.

Unser Übungs-Köpfchen zeigt einen Charakterkopf mit großer Nase und Denkerstirn, was für die Bemalung keine Rolle spielt.

Schritt für Schritt: die Augen
Soll die Puppe blaue, grüne oder braune Augen bekommen? Wählen Sie das entsprechende Farbfläschchen, schütteln es gut und schrauben es auf. Die Farbe wird immer nur aus dem Deckel entnommen.

Jetzt nehmen Sie etwas Iris-Farbe auf den Augenstempel (oder Nagelkopf). Rollen Sie die Seiten des Stempels am Papiertaschentuch ab, so daß die Farbe nur auf der Mitte des Stempels bleibt. Das ist wichtig für einen sauberen Abdruck.

Setzen Sie den Stempel auf den Augenfaden. Und zwar so, daß er zu zwei Dritteln oberhalb und zu einem Drittel unterhalb des Fadens aufdrückt. Vorsichtig abheben. Das zweite Auge genauso stempeln. Stempel reinigen.

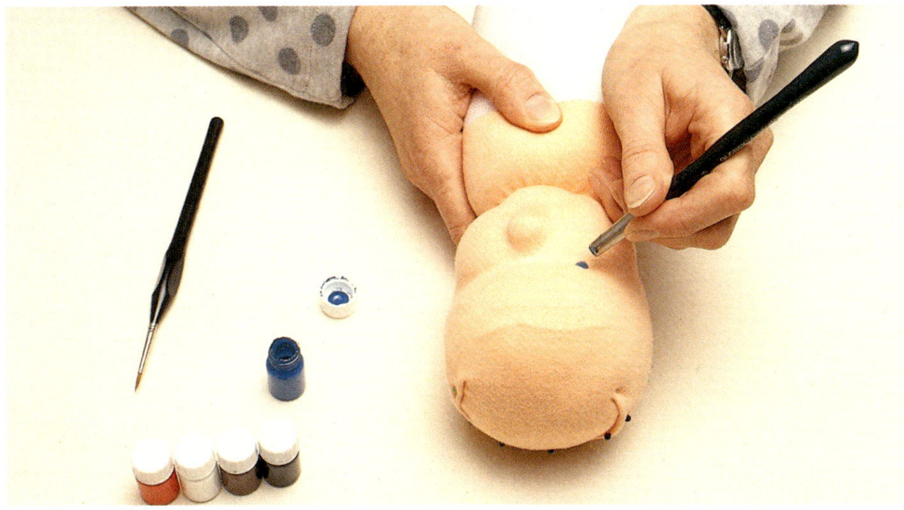

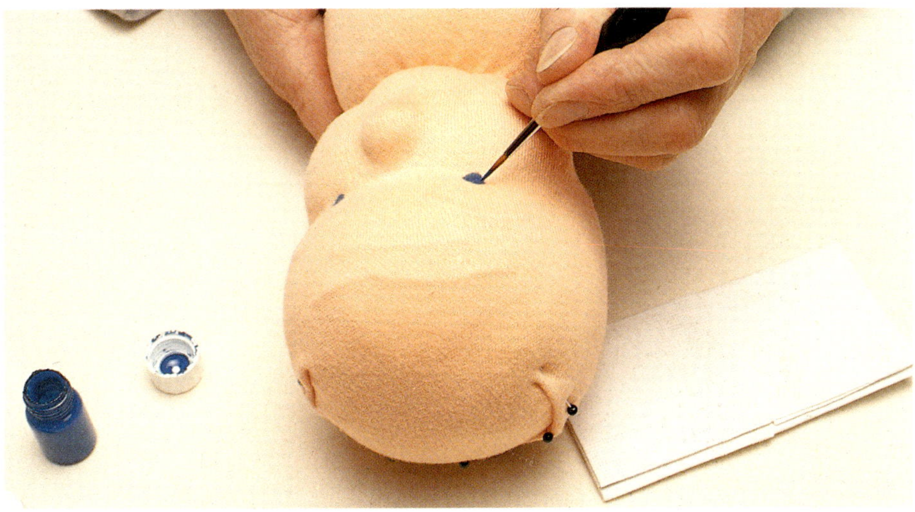

Ein wenig Irisfarbe auf den Pinsel nehmen und den Stempelabdruck auf etwa 0,8 cm vergrößern.

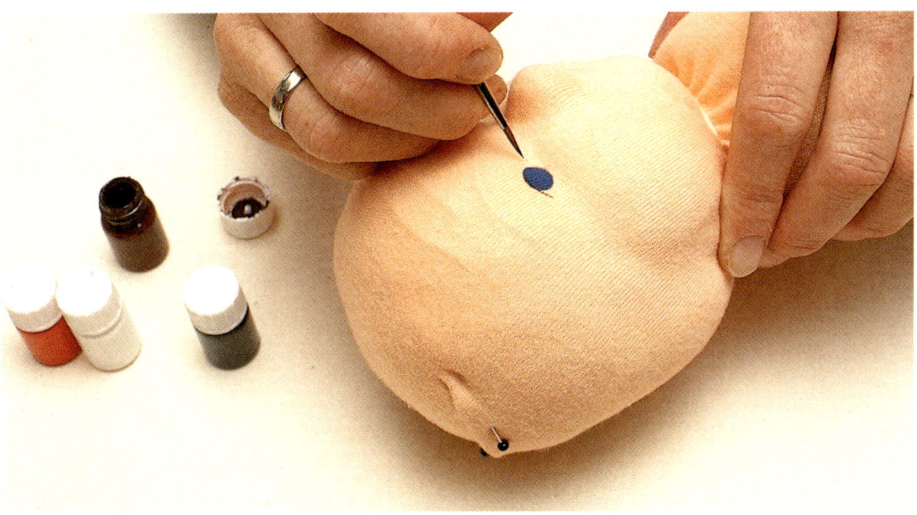

Über der Iris wird jetzt ein brauner »Lidstrich« gemalt. Das gelingt am besten, wenn Sie den Pinsel ganz vorn an der Zwinge und sehr steil halten. Setzen Sie ihn in Höhe des Augenfadens an und ziehen in leichtem Bogen eine feine Linie vom inneren zum äußeren Augenwinkel.

Wenn die Puppe **Augenbrauen** haben soll, können Sie sie jetzt mit der braunen Farbe malen. Bogenförmig geschwungen oder gerade, ganz wie Sie wollen. Für Kindergesichter sollten die Brauen zart und nicht zu lang sein.

Setzen Sie nun mit einem Stahl-Stecknadelkopf und schwarzer Farbe die **Pupille** in die Iris.

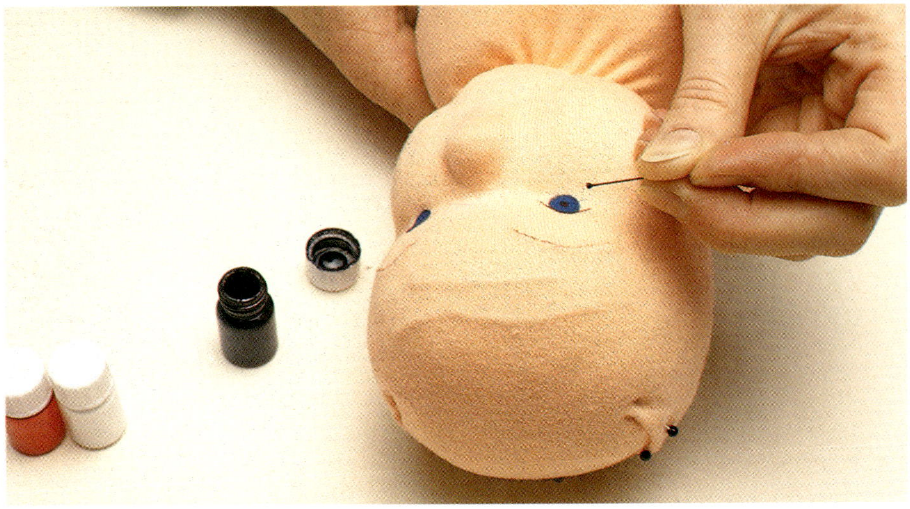

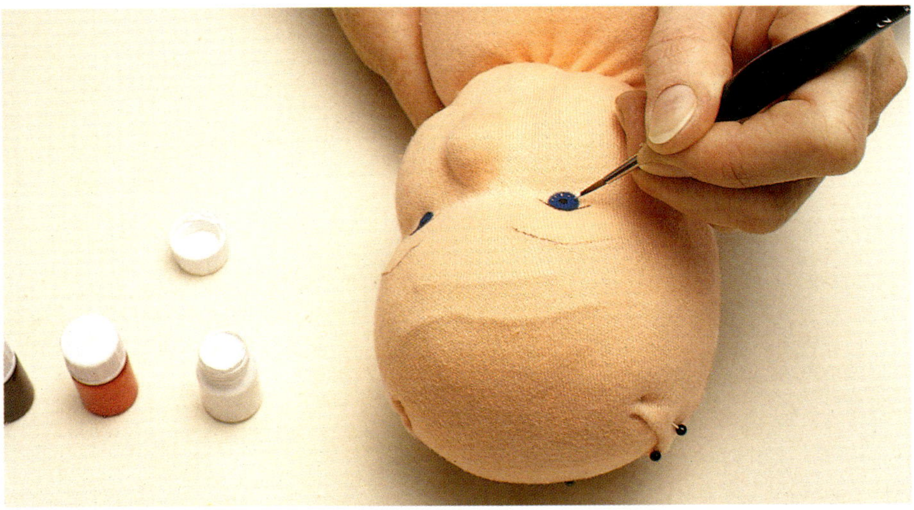

Deckweiß macht den Blick lebendig:
Nett sieht es aus, wenn Sie kleine weiße Pünktchen im Halbkreis auf die Iris tupfen.

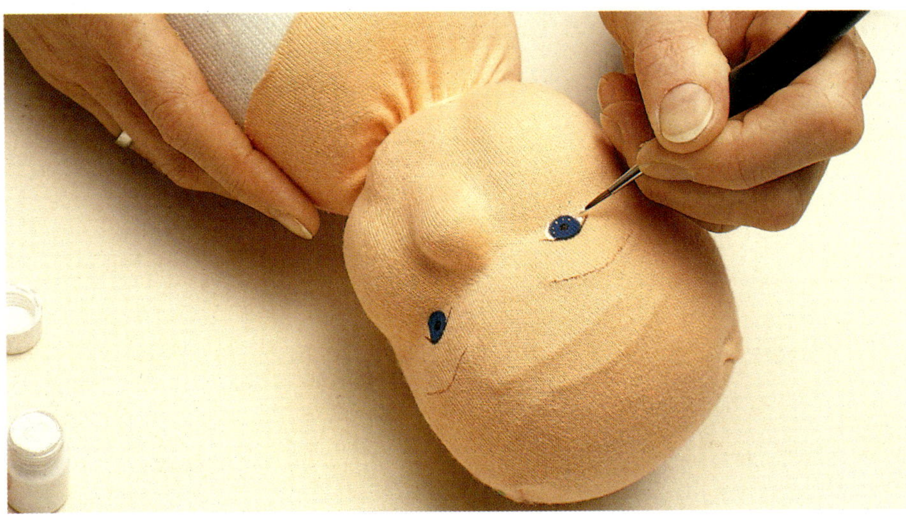

Für den Augapfel jeweils einen kleinen senkrechten Halbmond rechts und links neben die Iris malen.

Noch einen weißen Glanzpunkt seitlich in die Pupille setzen (bei beiden Augen an gleicher Stelle) – die Augen sind fertig!

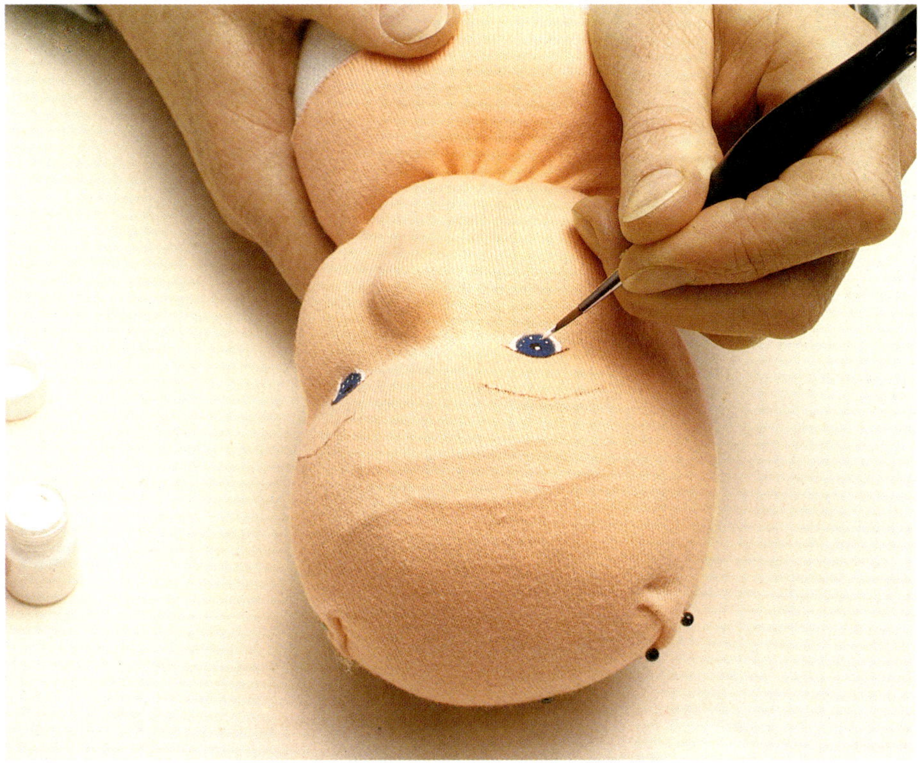

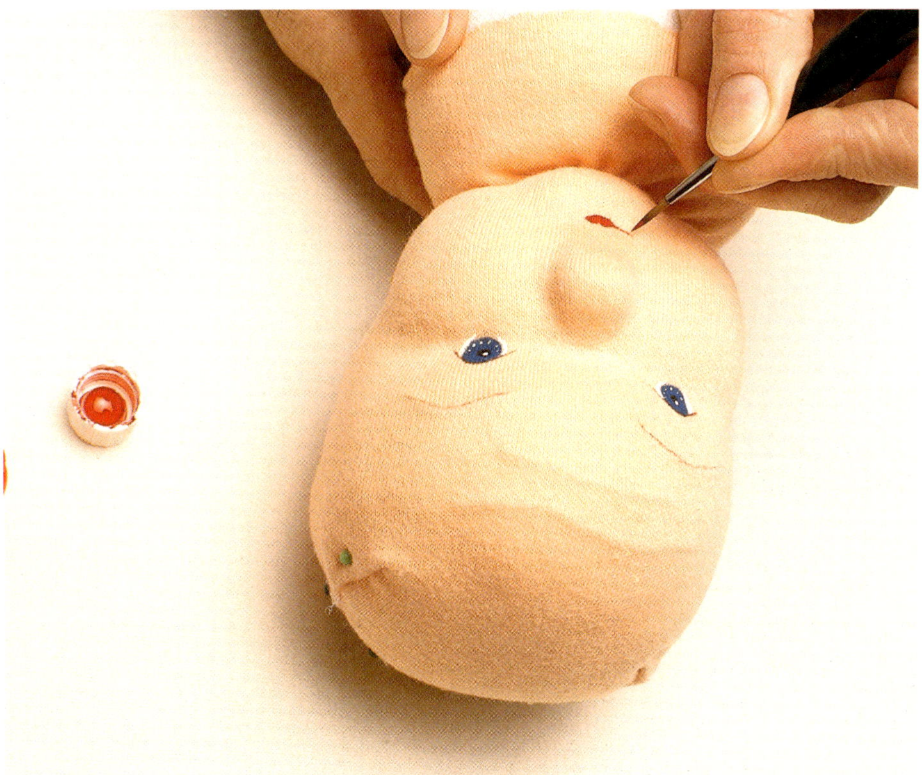

Ein kindlicher Mund
Wenn die Augenfarbe trocken ist, messen Sie den Abstand von Auge zu Auge. Um dieses Maß gehen Sie von der Nasenwurzel zwischen den Augen senkrecht nach unten. Dort sitzt der Mund an der richtigen Stelle. Markieren Sie diese mit einer Stecknadel.

Regel: Die Verbindungslinien zwischen beiden Augen und Mund bilden ein gleichschenkliges Dreieck.

Nehmen Sie etwas rote Farbe auf den Stahl-Stecknadelkopf. Stempeln Sie damit die Markierungspunkte, vorher natürlich die Stecknadel entfernen. Nun den Punkt zum Kreis vergrößern. Nach rechts und links malen Sie jeweils einen kleinen Aufstrich zu den Mundwinkeln. Der Mund lächelt.

Das Malen geht am einfachsten, wenn Sie den Pinsel steil senkrecht halten und die Farbe nur dünn und vorsichtig auftragen. Lieber zuwenig als zuviel!

Dies ist die einfachste Mundform, die besonders kindlich-lieb aussieht.

Oder: ein herzförmiger Mund
Diese Form paßt zu größeren Puppenkindern und Charakterpuppen.

Markieren Sie den Mund-Punkt wieder mit einer Stecknadel. Knapp links und rechts davon setzen Sie mit Pinsel und wenig roter Farbe zwei kleine Punkte. Vergrößern Sie die Punkte, bis sich die beiden Kreise berühren.

Nun von rechts, dann von links jeweils eine kurze, bogenförmige Linie ziehen – die Oberlippe ist fast fertig, eventuell die Form noch etwas ausmalen.

Bevor Sie die Unterlippe malen, bestimmen Sie nach Belieben den rechten und linken Mundwinkel. Verbinden Sie diese mit einem breiten Bogen.

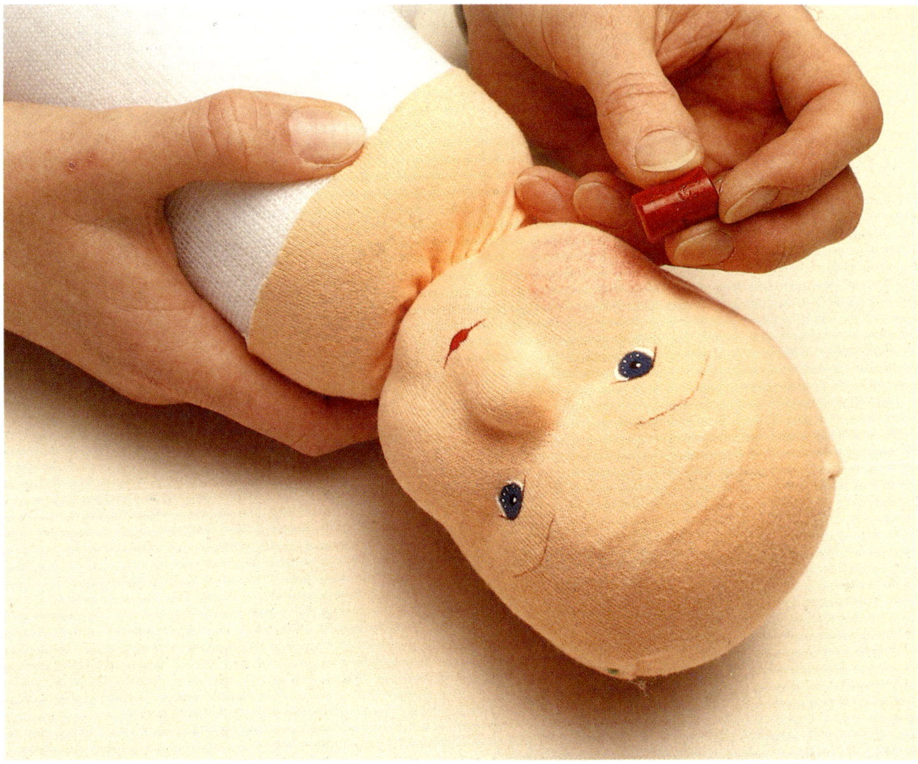

Rosige Wangen
Zum Schluß wird Wangenrouge aufgelegt. Nehmen Sie den roten Wachsmalstift (ersatzweise tut's auch Ihr Rouge) und tragen Sie mit leichtem Druck kreisförmig etwas Farbe auf. Mit einem Papiertaschentuch behutsam im Fadenlauf verreiben.

Jetzt können Sie stolz auf sich sein: Das Gesichtchen ist fertig und sieht schon richtig lebendig aus!

Perücken und Mützen

Junge oder Mädchen, kesser Rotschopf oder blonder Wuschelkopf? Probieren Sie es aus: Durch verschiedene Materialien, Haarfarben und Frisuren entsteht jedesmal ein ganz anderer Typ!

Gehäkelte Grundperücke aus Mohairwolle

Das Grundmuster der Häkelperücke (Gr. 2 und 3) ist für alle Frisuren gleich:

Sie brauchen:
Mohairwolle
Häkelnadel, Stärke 3
Draht-Haarbürste
Nähnadel
Nähgarn
Nähgarn, hautfarben
Stecknadeln mit Glaskopf

Luftmaschen häkeln

Fünf Luftmaschen werden zu einem Kreis geschlossen. Den Anfang mit einem farbigen Bändchen kennzeichnen. In die Mitte dieses Kreises werden jetzt sechs bis acht feste Maschen gehäkelt. Bitte schon jetzt darauf achten, daß der Flausch des Mohairs immer vom Faden abgezogen und nur der Faden selbst verhäkelt wird.

Wenn der Kreis mit den festen Maschen geschlossen ist und der Flausch richtig abgezogen wurde, ist jetzt eine kleine haarige Platte zu erkennen. Sie wird jetzt wie folgt erweitert:

In der 1. Runde werden alle Maschen verdoppelt, d.h. in jede Masche der Vorreihe werden zwei feste Maschen gehäkelt. In der 2. Runde wird jede 2. Masche verdoppelt, in der 3. Runde jede 3. Masche verdoppelt usw. Fahren Sie fort, bis ein Deckchen von etwa 4 cm (Größe 2) bzw. 7 cm (Größe 3) entstanden ist.

Dieses Deckchen darf sich noch nicht wölben, es soll ganz platt sein. Jetzt ohne Zunehmen weiterhäkeln, bis ein Durchmesser von etwa 5,5 cm (Größe 2) bzw. 9 cm (Größe 3) erreicht ist.

Ein flauschiger »Bienenkorb«

Jetzt darf sich das Deckchen am Rand nach innen wölben. Sie haben einen kleinen »Bienenkorb«, der innen mit dem Mohairflausch gefüllt ist.

Damit die Perücke gut sitzt, mehrmals auf den Puppenkopf setzen: Der markierte Anfangspunkt der fertigen Perücke sitzt als Wirbel auf der Hinterkopfmitte. Vorn sollten die Ponyfransen ein wenig in die Stirn hängen.

Die fertige Perücke mit der Drahtbürste auskämmen, so daß der Flausch schön lang wird. Am Perükkenrand auch von innen gut bürsten: Damit wird der Häkelrand verdeckt.

Am Kopf fixieren

Jetzt kann die Perücke angenäht werden. Dazu brauchen Sie das hautfarbene Nähgarn, am besten mit doppeltem Faden. Perücke mit Stecknadeln feststecken und mit kleinen Steppstichen per Hand fest annähen. Diese Naht liegt unsichtbar in der zweiten Häkelreihe.

Aus dieser Grundperücke lassen sich viele Frisuren entwickeln:

Kindlich-zart wirkt diese gehäkelte Mohair-Perücke.

Zwei pfiffige Puppenkinder: links mit genähter Flauschperücke, rechts ein gehäkelter Mohairschopf.

Frisuren für Jungen

Einfach die »Haare« kürzen und in Form bringen: Zur Auswahl stehen Pagenschnitt mit Pony, Mittel- oder Seitenscheitel, Locken oder lustige Haarfransen.

Lockenkopf

Wuschelköpfchen entstehen aus Bouclé, Schlingen- oder Loopwolle. Grundperücke mit der Häkelnadel Größe 5 häkeln. Die Wolle nicht vom Faden abziehen – das ist schon alles.

Lustiger Lockenkopf.

Frisuren für Mädchen

Zöpfe

Für jeden Zopf 21 Fäden mit je 70 cm Länge schneiden. Nehmen Sie 7 Fäden doppelt. Ziehen Sie sie alle auf einmal am rechten Ohrpunkt der Perücke mit der Häkelnadel ein Stück durch. Das Fadenende durch diese Schlaufe holen und fest anziehen.

Das gleiche zweimal mit den restlichen Fäden wiederholen. Achten Sie darauf, daß die drei Knüpfstellen ein auf dem Kopf stehendes Dreieck ergeben. Dann geht das Flechten später viel besser.

Jetzt verfahren Sie am linken Ohrpunkt genauso; Sie verarbeiten nochmal 21 Fäden, 70 cm lang.

Perücke bürsten und zwei Zöpfe flechten, deren Enden Sie mit Elastik-Bändern, Schleifen oder richtigen Zopfspangen schmücken. Hübsch sind außerdem »Affenschaukeln« und »Rattenschwänzchen«.

Schnecken

Für romantische kleine Mädchen. Wollfäden wie bei den Zöpfen einknüpfen und zwei feste Zöpfe flechten. Diese zu Schnecken drehen und festnähen.

Pferdeschwanz

Schneiden Sie etwa 30 Wollfäden mit 70 cm Länge zu. Diese Fäden gleichmäßig um den Anfangspunkt am Hinterkopf einknüpfen. Kräftig mit der Drahtbürste ausbürsten. Den Pferdeschwanz mit Schleife oder Spange zusammenfassen. Nach Belieben flechten.

Hochsteckfrisuren

Ein niedliches »Krönchen« bekommen Sie, wenn Sie den Pferdeschwanz über den Finger zwirbeln und oben auf dem Kopf festheften.

Großmutter trägt natürlich einen Dutt. Dafür wird der Pferdeschwanz fest geflochten, zum Knoten gelegt und am Hinterkopf festgenäht.

Rote Mohair-Rattenschwänzchen (oben). *Schnecken (unten).*

Glatze

Clowns und vielen Charakterpuppen steht eine würdige Glatze am besten. Die Bildbeispiele zeigen einen Großvater-Kopf (siehe auch Seite 57).

Der Gesichtstrikot ist um etwa 5 cm länger als bei den Kindergesichtern.

Zunächst die obere Kopfmitte (Abbindestelle) mit etwas Watte auspolstern. Den Trikot über die Kopfmitte hinaus am Hinterkopf feststecken.

Beide Seiten einschlagen und mit Stecknadeln sichern.

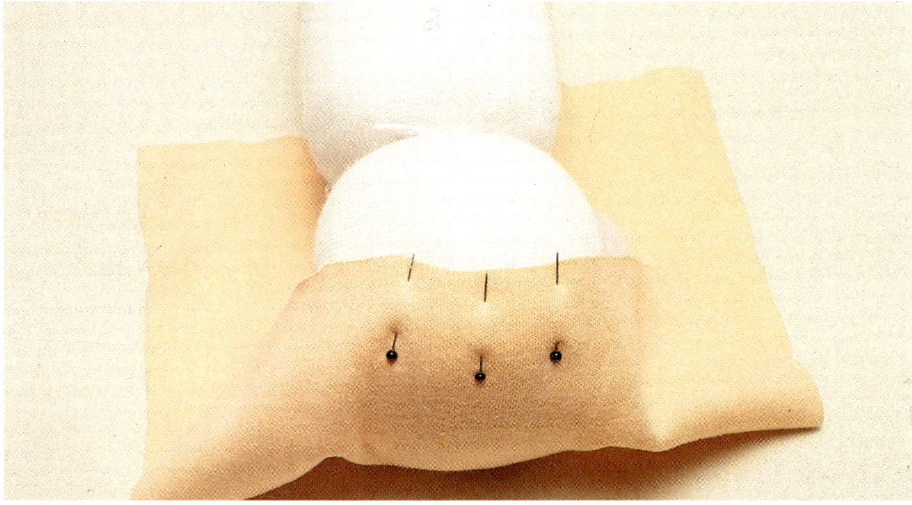

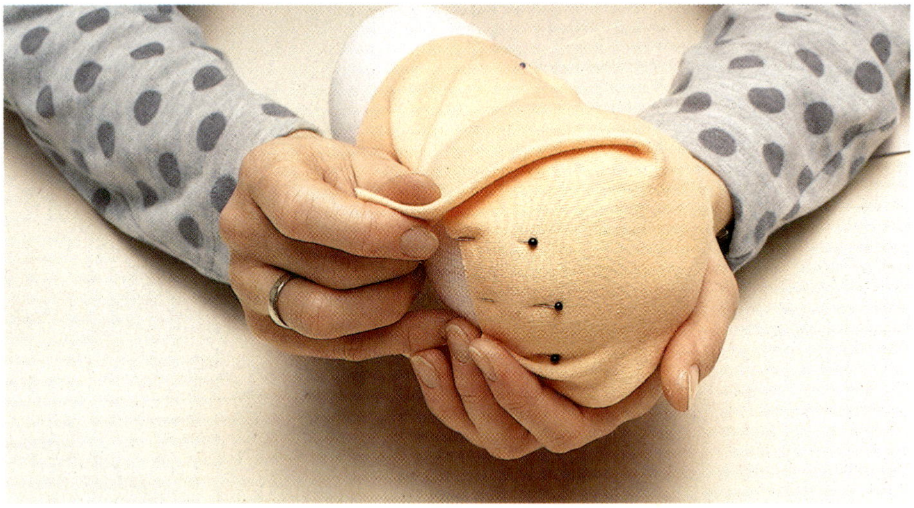

Eine Seite wird jetzt eingeschlagen, so daß eine kleine Falte entsteht, und festgesteckt. Jetzt den Trikot wieder nach oben schlagen und die umgelegten Ecken verkürzen. Auf der anderen Kopfseite genauso verfahren.

Nun ziehen Sie den Trikot wieder über den Kopf. Bitte sorgfältig glattziehen, damit es keine Falten gibt.

Mit hautfarbenem Abbinde- oder Häkelgarn und einem Fischerknoten (siehe Seite 17) wird dann der Hals faltenlos abgebunden.

Zum Schluß nähen Sie die Glatze mit Matratzenstich am Kopf fest.

Genähte Perücke

Sie brauchen:
Schnitt Nr. 1 auf Bogen A
Mohairplüsch, Fellrest o.ä.
Evtl. Tapeziermesser (Cutter).

Schnitt abpausen, ausschneiden und auf die Plüsch-Rückseite stecken.

Schneiden Sie das Teil in der Strichrichtung des Plüschs oder Fells zu. Dazu ist das Tapeziermesser ideal, weil es die Haare nicht zerschneidet. Schließen Sie die Abnäher und die hintere Mittelnaht.

Untere Kante umbiegen und die Perücke auf den Puppenkopf nähen.

Zipfelmütze

Sie brauchen:
Schnitt Nr. 2 auf Bogen A
Stoffrest

Eine lustige Zipfelmütze ist im Handumdrehen genäht. Einmal im Stoffbruch zuschneiden, Seitennaht schließen, untere Kante nach innen umschlagen und ans Köpfchen nähen.

Schauen Sie sich Tom auf Seite 32/33 an: Die Mütze spart die Perücke.

Clown Anton mit genähter Fellperücke.

Schmusepuppen für die Kleinen

Sie brauchen:
Schnittbogen A
Nähmaschine (mit Jerseynadel)
Nähnadeln
Häkelnadel
Stecknadeln
Schere
Bügeleisen
Bleistift
Papier
Nähgarn (weiß, haut und Kleiderfarbe)
Abbindegarn (weiß und haut)
Schlauchverband
Füllwatte
Trikotstoff, hautfarben
Elastik-Gummilitze
Baumwollstoff (Westfalenstoff) oder Nickistoff
Mohair- oder Bouclèwolle
Faltenband, Karnevalsstoff (Clowns)

Die genauen Maße und Materialmengen für die verschiedenen Puppengrößen schlagen Sie bitte ab Seite 60 nach.

Den Kopf-Rumpf-Rohling haben Sie fertig (Anleitung ab Seite 12), das Gesichtchen schon gemalt (ab Seite 22)? Gut, dann kann es gleich mit dem **Körper** weitergehen!

Alle Schnitt-Teile in verschiedenen Größen finden Sie auf Schnittbogen A.

Niklaas

Spielanzug
Pausen Sie bitte die Teile 3. a-f (Gr. 1) oder 3. e-h (Gr. 3) von Schnittbogen A auf Ihr Schnittpapier durch und schneiden Sie sie aus.
Bitte den Original-Schnittbogen nicht zerschneiden!

Legen Sie den Anzugstoff doppelt, so daß die linke Seite jeweils außen ist. Nun die Anzug-Schnitteile aufstekken, Nahtlinien und Paßzeichen auf den Stoff übertragen und mit 1,5 cm Nahtzugabe zuschneiden.

Alle Teile mit Zickzackstich versäubern.

Schließen Sie als erstes die Schulternähte. Dann nähen Sie die vier Biesen bis zur Taillennaht ab und bügeln sie zur Mitte.

Dann die Taillennaht nähen; sie ist eine Ziernaht. Die untere Armnaht bis zum Hosenbein schließen.

Die Biesenfalten am Hosenbein feststeppen und bügeln.

Hände und Schuhe
Jetzt brauchen Sie Trikotstoff und Schnitteil 3.b oder f. Stoff doppelt legen, Schnitt aufstecken, Nahtlinien übertragen, zusammennähen (kleiner Zickzack- oder Elastik-Steppstich). Am »Handgelenk« bleibt die Naht offen.

Erst danach mit 0,5 cm Nahtzugabe ausschneiden. Die zweite Hand genauso arbeiten.

Schmusepuppen-Stelldichein: Clown Karlchen, Tom mit lustiger Zipfelmütze und Niklaas, hier als Mädchen.

Beide Hände mit Füllwatte ausstopfen.

Hände im »Handgelenk« mit einem Fischerknoten (Seite 17) und hautfarbenem Garn abbinden, etwas zusammenziehen und verknoten.

Bei den Schuhen aus Nickistoff machen Sie's genauso.

Arme und Beine

Nehmen Sie 4 Stücke Schlauchverband (Maße ab Seite 60). Ein Stück für den Arm nehmen, die abgebundene Hand jetzt so in den Schlauch stekken, daß sie am Schlauchanfang innen liegt.

Das Ganze mit einem Fischerknoten sichern. Diese Abbindestelle liegt jetzt auf dem Verband, genau auf der ersten Hand-Abbindung.

Nun den Schlauchverband wenden und die Hand rundherum mit festen Handstichen daran festnähen.

Gleich ist der Körper fertig ...

Nehmen Sie nun das fast fertige Kopf-Rumpfteil, und nähen Sie die Arme und Beine an:

Die Ansatzpunkte für die Arme liegen an den Seiten des oberen Rumpf teils, so daß die Arme senkrecht neben dem Körper herunterhängen. Die Beine werden seitlich am unteren Ende – jeweils halb am Rücken-, halb am Vorderteil – angenäht.

Abschlußarbeiten

Jetzt wird der Puppenkörper in den Anzug gesteckt.

Halsausschnitt des Anzugs mit Handstichen einkräuseln und zusammenziehen. Achten Sie darauf, daß die Kräuselkante nach innen gezogen wird.

Anzug an Arm- und Beinabschlüssen ebenso einkräuseln, festziehen und Kante nach innen stecken.

Wenn Sie wollen, nähen Sie zur Sicherheit Hände und Schuhe auch am Anzugstoff fest.

Haare oder Mütze

Auf dem Kopf trägt Niklaas entweder einen gehäkelten Woll-Schopf (siehe Seite 27), eine genähte Flauschperücke (Seite 31) oder eine lustige Zipfelmütze (Seite 31).

Tom

Kleidung

Schnitteile 4. a-d wie bei Niklaas beschrieben vorbereiten und wieder mit 1,5 cm Nahtzugabe aus Nickistoff zuschneiden.

Zuerst die **Hose** nähen: Schnitteile rechts auf rechts aufeinanderlegen und die seitlichen Hosennähte sowie die inneren Beinnähte schließen. Nähte versäubern.

Beide Hosenbeine im Schritt zusammennähen.

Hier gibt es einen kleinen Trick: Wenden Sie eins der Beine auf rechts, beim anderen bleibt die linke Seite außen. Nun stecken Sie das gewendete Bein in das zweite.

Die beiden rechten Stoffseiten liegen aufeinander. Damit können Sie die gesamte Schrittnaht rechts auf rechts in einem Rutsch nähen.

Vorderes und rückwärtiges **Oberteil** rechts auf rechts legen. Schulternähte zusammennähen, dann die unteren Armnähte bis zur Taille schließen.

Hände und Schuhe
Hände aus Trikot, Schuhe aus Nickistoff herstellen – sie werden genau wie bei Niklaas (Seite 32) verarbeitet.

Abschluß-Arbeiten
Auch alle restlichen Arbeitsschritte sind bei Tom und Niklaas gleich (Seite 34).

Clown Karlchen

Die Glatze nach Anleitung auf Seite 30 fertigmachen. Gesicht bemalen (Anleitung ab Seite 43).

Clown-Kostüm
Die Schnitte finden Sie unter 5. a-d auf Bogen A.
Das Oberteil nähen Sie aus gestreiftem oder kariertem Baumwollstoff, die Hose aus Nicki, die Hände aus Trikot (Anleitung siehe S. 32-34). Beim Oberteil die Halsöffnung offen lassen.

Nähen Sie die Hose fertig (wie bei Tom, siehe oben). Einen Tunnel für das Gummiband nähen. Gummi einziehen, Bund einkräuseln, Gummi-Enden in Bauchweite zusammennähen.

Der Körper
Hände und Schuhe, Arme und Beine sowie der Körper werden wie bei Niklaas und Tom gearbeitet (Anleitung ab Seite 32).

Abschluß-Arbeiten
Ziehen Sie der Puppe die Hose an, stecken Sie das Oberteil in den Hosenbund. Fixieren Sie zwei beliebige Stoffstreifen (Reste, farbiges Schrägband) als Hosenträger vorn und hinten im Hosenbund. Nähen Sie die Hose am Bauch zusammen mit den Hosenträgern fest. Wenn Sie wollen, nähen Sie noch Knöpfe auf die Hosenträger.

Hosenbeine einreihen, Schuhe bis zur Abbindestelle hineinstecken und festnähen.

Das Tüpfelchen auf dem i ist ein Faltenkragen. Das fertig gekaufte Faltenband um den Puppenhals legen, im Nacken zusammennähen und festheften (Foto auf Seite 32).

Unser Clown ist fertig für den großen Auftritt!

Gliederpuppen zum An- und Ausziehen

Das Kopf-Rumpfteil (Anleitung ab Seite 12) mit dem bemalten Gesicht (ab Seite 22) haben Sie fertig. Nun geht's weiter:

Alle Körperschnitte in drei Größen finden Sie auf Schnittbogen A.
Achtung: alle Körperschnitte mit 0,5 cm Nahtzugabe zuschneiden!

Tips zum Nähen und Zuschneiden

Breiten Sie die Seite A des Schnittbogens vor sich aus.

Pausen Sie die folgenden Körperschnitt-Teile auf dünnes Papier durch: Nr. 6. a-d für Babypuppen, alle anderen Gliederpuppen Nr. 6. a, b, e, f, g (jeweils in Größe 1, 2 oder 3).

Originalbogen bitte nicht zerschneiden! Nun die abgepausten Schnitte ausschneiden.

Sie können die Teile auch fotokopieren.

Den Trikot doppelt legen, so daß die linke Stoffseite außen liegt. Die beiden Lagen an einigen Punkten mit Stecknadeln zusammenstecken, damit nichts verrutschen kann. Die Schnitteile auf den Stoff legen, dabei genau auf den richtigen Fadenlauf achten. Mit dem Bleistift alle Linien umfahren und die Markierungen auf den Stoff übertragen.

Zuerst die Arme ...

Die beiden Arm-Schnitte auflegen, feststecken und aufmalen. Schnitt vorsichtig entfernen, ohne die Stofflagen zu verschieben. Eventuell mit ein paar Stecknadeln fixieren.

Körper

Sie brauchen:
Schnittbogen A
Bleistift
Schnittpapier
Schere
Nähmaschine (mit Jerseynadel)
Stecknadeln
Nähnadeln
Maßband
Nähgarn, hautfarben
Abbindegarn in Weiß und Haut
Trikotstoff, hautfarben
Füllwatte

Die beiden Gliederpuppen-Typen. Beide haben den gleichen Kopf und Körper. Beim Baby (rechts) sind Arme und Beinchen stärker angewinkelt.

Krabbel-Kleinkind oder großes Mädchen? Sie haben insgesamt drei Größen zur Auswahl.

Jetzt die Linien mit möglichst kleinen Elastik-Stichen umsteppen (auch ein kleiner Zickzackstich eignet sich). Die Arme bleiben oben, wo sie später an der Schulter angesetzt werden, offen.

Erst jetzt die beiden Arme mit einer Nahtzugabe von 0,5 cm ausschneiden. Nach rechts wenden.

... dann die Beine

Ein rückwärtiges Beinteil 6.g auf den Trikot aufstecken, den Fuß nach oben klappen und den Abnäher nähen.

Ein vorderes Beinteil 6.f auflegen, abzeichnen und mit 0,5 cm Nahtzugabe zuschneiden. Rechts auf rechts auf dem rückwärtigen Beinteil feststecken.

Beide Teile zusammennähen. Das gleiche beim anderen Bein wiederholen. Auch bei den Beinen die Oberkante offenlassen. Nach rechts wenden.

Das Ausstopfen

Arme und Beine fest und gleichmäßig mit Füllwatte stopfen. Das geht am besten, wenn Sie immer nur kleine Wattestückchen mit den Fingern hineinstopfen.

Nähen Sie die oberen Beinabschlüsse per Hand mit Matratzenstich zusammen. Die Arme mit Abbindegarn wie eine Wurst fest abbinden.

Prüfen Sie hierbei immer wieder: Beide Arme und Beine müssen gleich lang sein!

Der Körper

Vorder- und Rückenteil auf den Rest des Trikots aufmalen, dabei auch die drei Falten-Markierungen auf dem Vorderteil übertragen.

Die rechte Stoffseite mit der Faltenmittellinie markieren. Noch nichts zusammennähen.

Die Oberkanten der **Beine** (Füße zeigen nach vorn) werden jetzt auf der rechten Trikotseite an die Faltenmittellinie gelegt und mit der Maschine aufgesteppt.

Die beiden »1«-Markierungen aufeinanderlegen und von der linken Stoffseite aus zusammensteppen: Die Faltenmittellinie mit den aufgesteppten Beinansätzen steckt jetzt in der nach innen eingeschlagenen Falte.

Danach werden Vorder- und Rükkenteil rechts auf rechts gelegt und zusammengenäht. Dabei bleibt der Körper nach oben hin offen (siehe Schnitt-Markierung).

Jetzt werden die **Arme** an den Puppenkörper genäht.

Denken Sie sich vom Ohrpunkt des Kopfes eine Linie nach links und rechts bis zu den Schultern: Dort werden die Arme rundherum mit doppeltem Faden und Hexenstich angenäht, so daß die Ansatznaht kreisförmig ist.

Achten Sie darauf, daß beide Daumen nach vorn zeigen.

Ein Polster für den Po

Damit die Puppe später besser sitzen kann, setzen wir noch ein Polster für den Po an. Dazu brauchen wir das letzte Stück Wattevlies, das aus dem Zuschnitt für Kopf und Rumpf übriggeblieben ist.

Dieses Stück wird nun mit einem reißfesten Faden wie eine Fliege in der Mitte abgebunden.

Diese »Fliege« setzen Sie so auf die Körperrückseite, daß die Abbindestelle in der Körpermitte liegt, also auf einer gedachten Wirbelsäule.

Bei der seitlichen Begrenzung des »Sitzpolsters« helfen die Ohrpunkte: Denken Sie sich von den beiden Ohren abwärts jeweils eine senkrechte Verlängerungslinie, das ergibt den linken und rechten Seiten-Grenzpunkt.

Nähen Sie jetzt den Po fest – aber bitte nur unten an der rechten und linken Außenbegrenzung. Der obere Rand bleibt offen, falls wir später noch nachpolstern möchten (siehe Foto links).

Rumpf in den Körper stecken

Das ganze Körperstück wird jetzt über den Rumpf-Rohling gezogen. Zurechtzupfen, bis die Nähte gerade und genau an den Seiten sitzen. Der obere Trikotrand darf nicht so straff sitzen, daß die Arme automatisch hochklappen.

Nun die obere Trikotkante etwa 2-3 cm nach innen einschlagen.

Schulter-Markierung
Messen Sie oben am Vorderteil von der rechten Seitennaht 3 cm nach links zur Brustmitte hin. Markieren Sie diesen Punkt mit einer Stecknadel. Das gleiche von der linken Seitennaht nach rechts wiederholen.

Auf dem Rückenteil beidseitig genauso 3 cm zur Mitte abmessen und markieren. Diese Schulterpunkte brauchen wir im nächsten Schritt:

Mit einem kleinen Gliederpuppen-Baby macht Kindern das Zubettgehen viel mehr Spaß!

Ein sauberer Halsabschluß
Fädeln Sie reißfestes hautfarbenes Abbindegarn auf. Nun wird der Stoffbruch des Umschlags am Halsausschnitt wie folgt eingekräuselt: von der ersten 3-cm-Markierung bis zur zweiten kleine Reihstiche setzen.

Faden über die Schulter zur ersten Markierung auf dem Rücken spannen. Dort ebenso wie vorn einkräuseln.

Die vier Stecknadeln und die Nähnadel entfernen. Beide Fadenenden, die einmal von der Vorder- und einmal von der Rückseite kommen, fest anziehen und verknoten. Noch sichtbare Stoffteile vom Halsabbinden mit einer Schere unter das Abbindegarn schieben. Darauf achten, daß der Trikot keine Falten wirft! Der Körpertrikot zieht sich jetzt ganz eng um den Puppenhals.

Der Trikot, der auf beiden Schultern übersteht, wird auf 1,5 cm gekürzt. Die Kanten werden übereinandergelegt, dabei die obere einschlagen. Die Schulternaht mit Matratzenstich schließen.

So – jetzt können Sie sich über Ihr fertiges Puppenkind freuen!

Bekannte Gesichter

Alle Kinder lieben die kleinen Helden aus spannenden Geschichten, Filmen und Märchen. Eine Riesenüberraschung gibt es, wenn die neue Puppe aussieht wie Pippi Langstrumpf oder der Pumuckl!

Ein Tip: Wählen Sie eine der Gliederpuppen-Größen 1 bis 3. Dann können Sie bei allen Arbeiten die entsprechenden Anleitungen, Maße und Schnitte übernehmen – vom Zuschneiden des Wattevlieses bis hin zum Einkleiden der Puppen.

Hier finden Sie typische Merkmale der »bekannten Gesichter«, sofern sie von der ausführlichen und allgemeinen Malanleitung ab Seite 22 abweichen.

Kopf und Rumpf arbeiten Sie wie ab Seite 12, die Puppenkörper wie ab Seite 36 beschrieben. Anleitungen für die Frisuren finden Sie ab Seite 27.

Achtung! Kobold und Clowns haben besondere Nasen oder Ohren, die Sie vor dem Bemalen formen und aufnähen.

Kleiner Kobold

Große Ohren

Schnitteil Nr. 7 von Bogen A abpausen, ausschneiden und zweimal auf ein Stückchen Trikot (doppelte Stofflage) übertragen. Ohr von der geraden Seite aus rundherum zunähen, dabei ein kleines Stück Naht offenlassen. Mit 0,5 cm Zugabe ausschneiden.

Auf rechts wenden, mit etwas Watte auspolstern und mit der Nähmaschine von der Öffnung ausgehend einmal rundherum den schmalen Ohr-Rand absteppen.

Nahtöffnung mit der Hand zunähen. An der geraden Seite eine Falte legen – das gibt die Ohrmuschel.

Die fertigen Ohren werden auf die »Kopfhaut« der Perücke genäht.

Runde Nase

Hier brauchen wir keinen Schnitt, es genügen:

- für Größe 1 ein Zehnpfennig-Stück,
- bei Größe 2 ein Zwei- und
- bei Größe 3 ein Fünfmarkstück.

Münze auf dem einfach liegenden Trikot mit Bleistift umrunden. Schneiden Sie den Kreis mit 1,5 cm Nahtzugabe aus.

Nähen Sie auf der Bleistiftlinie mit doppeltem Nähgarn kleine Reihstiche. Fadenenden bis auf eine kleine Öffnung zusammenziehen, Nase fest mit Watte ausstopfen. Die Öffnung zunähen.

Die Nase ist nun vorne rund und hinten platt. Malen Sie sie rot an und

Lustiges Gliederpuppen-Pärchen: freches Mädchen und kleiner Kobold.

lassen Sie die Farbe trocknen, bevor Sie die Nase aufnähen.

Kulleraugen
Mit dem Augenstempel einen schwarzen Punkt auf den Augenfaden stempeln. Diesen Punkt mit dem Pinsel zum Oval vergrößern.

Nun mit Deckweiß umrahmen – oben als dicke, an den Seiten und unten als dünnere Linie –, das ergibt den ebenfalls ovalen Augapfel. Das schwarze Oval sitzt jeweils in der unteren Mitte der weißen Fläche.

Augenbrauen
Nun das Auge mit einer dünnen schwarzen Linie umfahren. Die Augenbrauen als kurze, gerade Linie malen, die nach den Seiten abfallen.

Je einen weißen Glanzpunkt auf die schwarzen Augen, in unserem Beispiel oben links, setzen.

Der Mund ...
Ansatzpunkt wie immer abmessen. Je 1 cm unter der Nasenmitte nach links und rechts abmessen, 3 Maschen über diesem Punkt auf beiden Seiten je eine Stecknadel-Markierung setzen. Schon haben Sie die Mundwinkel.

Zeichnen Sie jetzt an diesen beiden Punkten mit je einem kleinen schwarzen Strich die »Lachfältchen«. Nun die beiden Mundwinkel mit einer »lächelnden« schwarzen Mundlinie verbinden.

... mit Zahn ...
Nun mit Deckweiß die beiden Vorderzähne zusammen als Rechteck malen. Mit schwarzer Farbe umranden.

Für die untere Mundbegrenzung je eine geschwungene Linie vom linken Mundwinkel zur unteren Mitte ziehen, dann wieder nach oben zum rechten Mundwinkel malen.

Die gesamte Mundöffnung schwarz ausfüllen, eine senkrechte Linie in die Mitte des weißen Zahn-Rechtecks setzen.

... und Zunge
Wenn die schwarze Farbe gut getrocknet ist, malen Sie die Zunge in die untere Mitte der Mundöffnung: zuerst Deckweiß, dann nach dem Trocknen eine zweite Farbschicht mit Rot auftragen.

Kobold-Kostüm
Statten Sie den Kobold noch mit orangefarbenem Woll-Wuschelkopf, gelbem Kittel und grüner Hose (siehe Seite 54) aus, und das pfiffige Kerlchen kann seinen Schabernack treiben...

Freches Mädchen

Augen
Der pfiffige Ausdruck entsteht durch eine kleine Reihe weißer Glanzpünktchen in der Iris.

Sommersprossen
Tupfen Sie braune Farbpünktchen auf Nase und Wangen. Nehmen Sie nur ganz wenig Farbe, und tupfen Sie die Pinselspitze zart auf.

Mund
Den Ansatzpunkt mit einer Stecknadel markieren und nach der Anleitung auf Seite 26 einen herzförmigen Mund malen.

Wenn das Lippenrot getrocknet ist, können Sie mit Deckweiß die Zähnchen daraufsetzen.

Kleid
Dicke rote Zöpfe, ein knallgelbes Kleidchen, lustige bunte Ringelstrümpfe und übergroße Schuhe machen die kleine »Göre« komplett.

Lustige Clowns

Alle Kinder lieben Clowns!
Die Schmusepuppe Karlchen kennen Sie ja schon. Hier noch zwei Schmink- und Kostümvorschläge für fröhlich-bunte Gliederpuppen-Clowns:

Die Nase
Sie wird wie beim Kobold genäht (Seite 41). Sie können Sie vor oder nach dem Aufnähen rot anmalen.

Die Augen
Malen Sie die **Augen** wie immer. Ein Glanzlicht in der Pupille und eine Reihe winziger weißer Pünktchen in der Iris geben dem Blick etwas Verschmitztes.

Dann etwa 1 cm über dem Lidstrich die weiße »Augenschminke« in einem großen Bogen auftragen. Auch links und rechts der Iris den Augapfel weiß malen, damit das Auge eine Dreiecksform erhält.

Wenn das Weiß gut getrocknet ist, können Sie nach Belieben Wimpern mit brauner oder schwarzer Farbe oder ein rotes Herzchen aufsetzen.

Genausogut können Sie die Wimpern außerhalb des weißen Oberlids an die äußeren Augenwinkel malen; braune Linien können hier auch Lachfältchen andeuten.

Der Mund
Wie üblich mit drei Stecknadeln markieren. Diese Punkte wieder mit einer dünnen roten Linie verbinden. Diese Linie etwas nach unten verbreitern und eine zweite für die Unterlippe daruntermalen.

In die beiden Mundwinkel malen wir – je nach Geschmack und Laune – einen dicken roten Punkt oder eine rote halbkreisförmige Linie.

Nun tragen wir wieder großzügig das »Clownweiß« auf: der Mund wird etwa 1,5 cm dick ummalt.

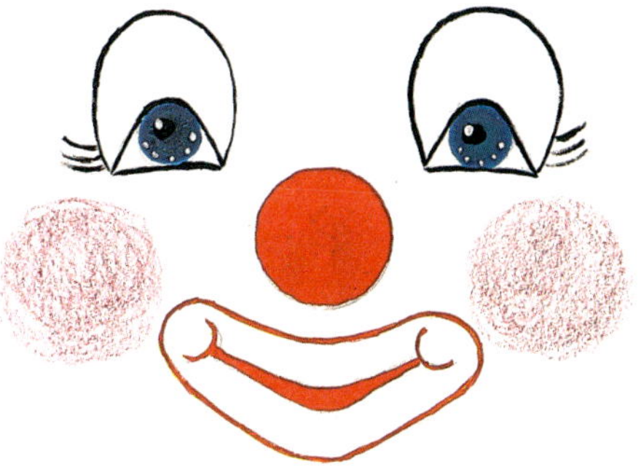

Wenn Sie möchten, können Sie die roten Lippen noch etwas verbreitern und mit einem kleinen weißen Strich trennen.

Rote Nase und Wangen
Nun noch Nase und Wangen mit Wachsmalstiften schminken – die »Apfelbäckchen« sind größer als bei den Kinderpuppen.

Clown-Kostüme
Zur Auswahl stehen Kittel und Hose oder ein bunter Overall – die Nähanleitungen finden Sie ab Seite 54.

Manege frei:
Jetzt kommen die Clowns!

Puppenkleider

Alle Grundschnitte sind kinderleicht zu nähen.
Sie können nach Herzenslust variieren!

Die Schnittmuster finden Sie unter den entsprechenden Nummern 1 – 7 auf Bogen B.

1) Baby-Strampelanzug

Schnitt-Teile 1. a-d auf Bogen B.

Material:
Stoff, 30x90 cm
Schrägband
Schmales Hosengummi
Drei Druckknöpfe

So wird's gemacht:
1. Schulternähte schließen.
2. Hosenvorder- und -rückenteil bis zur Markierung im Schritt schließen.
3. Am oberen Rand auf Oberteilweite einkräuseln. Vorderteil und beide Rückenteile feststeppen.
4. Ärmel einkräuseln. Armlänge festlegen und feststeppen. Gummiband einziehen, auf Handgelenkbreite festziehen und ansteppen.
5. Ärmel rechts auf rechts in den Armausschnitt nähen.
6. Halsausschnitt mit Schrägband einfassen.
7. Gummiband an der markierten Stelle am Hosenteil feststeppen, dabei etwas anziehen, damit es sich kräuselt.
8. Innere Beinnaht steppen (Paßzeichen 2 auf 2 legen).
9. Beinnaht zur Mitte falten und den Bogen nähen (Paßzeichen 3 auf 3 legen).
10. Fußnaht auf innere Beinnaht legen, vorne die Spitze abnähen.
11. Mit Druckknöpfen im Rücken verschließen.

„Weißt Du, wieviel Sternlein ..."
Im gemütlichen Strampelanzug läßt sich's schön träumen.

2) Kleid

Schnitt-Teile 2. a-g auf Bogen B.

Material:
Stoff, 40 x 90 cm
Schrägband (25 cm lang und 5 cm breit)
Spitze und Borte nach Belieben
Hosengummi
Druckknöpfe

So wird's gemacht:

1. Schulternähte schließen.
2. Hintere Mittelnaht der Rock-Rükkenteile bis zur Markierung zusammennähen.
3. Den oberen Rockrand auf das Maß der Oberteilweite einkräuseln.
4. Oberteil rechts auf rechts an das Rockteil nähen.
5. Ärmel einkräuseln und in die Armausschnitte nähen. Unteren Rand umnähen, Gummiband einziehen und feststeppen.
6. Die Ärmel- und Seitennähte in einem Arbeitsgang schließen.
7. Halsausschnitt mit Schrägband einfassen.
8. Losen Kragen zweimal zuschneiden, zusammennähen. Halsausschnitt zum Wenden offenlassen, wenden. Halsausschnitt mit Schrägband einfassen, die Bandenden zur Schleife binden.
9. Am unteren Rand nach Belieben Spitze annähen.
10. Druckknöpfe als Verschluß am Rückenteil annähen.

Kaffeeklatsch im Puppenhaus. Klein Anne ganz rechts im Kleid mit losem Kragen, Rotschopf Mimi mit feiner Flügelschürze (auch nach dem Kleiderschnitt genäht).

3) Jeans-Hose

Schnitt-Teile 3. a, b auf Bogen B.

Material:
Stoff, 35 x 90 cm
Druckknopf

So wird's gemacht:
1. Falten legen und feststeppen.
2. Hosenteile rechts auf rechts legen (Vorder- und Rückenteil), Seitennaht und Taschenbeutel bis zum oberen Rand schließen.
3. Schritt bis zum Schlitz nähen.
4. Ein Hosenbein auf rechts wenden und in das andere stecken.
5. Schrittnaht vom rechten und linken Bein in einem Arbeitsgang nähen.
6. Für den Hosenbund einen Streifen von 4 cm Breite und 35 cm Länge (ohne Nahtzugabe) zuschneiden.
7. Den Bund an die Hose nähen, umbügeln und von Hand innen festnähen, Druckknopf annähen.
8. Hosenbeine säumen.
9. Wenn Sie wollen, nähen Sie noch Hosenträger an.

Fritzchens Jeans sind schön weit – gerade richtig zum Spielen!
Eine Variation des Grundschnitts, hier ein Fertigmodell von Prandell.

4) Hemd (Bluse, Jacke, Weste ...)

Schnitt-Teile 4. a-d auf Bogen B.

Material:
Stoff, 20 x 90 cm
Stoffrest für den Kragen
Etwa drei Knöpfe

So wird's gemacht:
1. Schulternähte schließen.
2. Ärmel in den Armausschnitt nähen, Ärmellänge bestimmen und abstep-pen.
3. Die Ärmel- und Seitennaht in einem Rutsch schließen.
4. Die Kragenteile rechts auf rechts legen und die Außenkanten step-pen. Den Kragen auf rechts wenden und bügeln, Kragenmitte am Rük-kenteil anstecken und jeweils nach vorne bis zum angeschnittenen Besatz feststecken.
5. Den Besatz auf den angesteckten Kragen legen und alles feststeppen.
6. Den Besatz auf rechts umdrehen, Kante bügeln, Oberteil säumen.
7. Knöpfe als Verschluß annähen.

Fritzchens Lehrer trägt zum Hemd eine Strickjacke, dazu eine schmale Hose (Modell 3).

5) Clown-Kostüm

Schnitt-Teile 5 a, b auf Bogen B.

Material:

Hemd:
Stoff (25 x 90 cm)
Band zum Einkräuseln (Halsausschnitt)
Schrägband

Hose
Stoff (35 x 90 cm)
Hosenträger, 2 x 22 x 10 cm
Zwei große Knöpfe

*Der kleine Lausbub hat sich das Clown-Kostüm ausgeborgt …
So können Sie den Schnitt abwandeln.*

So wird's gemacht:

Hemd
1. Seiten- und untere Armnaht in einem Rutsch schließen.
2. Arm- u. Hemdlänge festlegen und steppen.
3. Den Halsausschnitt an beiden Seiten etwa 3 cm aufschneiden, bis er sich über den Puppenkopf ziehen läßt.
4. Halsausschnitt mit Schrägband einfassen. Dabei ergibt sich ein Tunnel.
5. Band einziehen. Ziehen Sie der Puppe nun das Hemd an und binden den Halsausschnitt zusammen.

Hose
1. Falte feststeppen, Abnäher nähen. Nach Belieben Flicken auf das Hosenteil nähen.
2. Seitennähte schließen.
3. Innere Beinnaht schließen.
4. Ein Hosenbein auf rechts wenden, in das andere Hosenbein stecken. Vordere und hintere Mittelnaht nähen.
5. Hosenbund einschlagen und feststeppen.
6. Hosenträger 2 x 22 cm lang und 10 cm breit zuschneiden. Die Streifen zur Mitte falten und bügeln, jeweils den oberen Rand zur Mittelfalz falten. Mittelfalz zuklappen und nochmals bügeln.
   An beiden Seiten eine Zier-Steppnaht nähen. Die Breite der fertigen Träger beträgt 2,5 cm.
7. Hosenträger mit großen Knöpfen am Hosenbund festnähen.

Tip:
Dieser Schnitt ist auch ideal für unseren kleinen Kobold (Seite 41).

6) Clown-Overall

Schnitt-Teile 6. a, b auf Bogen B.

Tip:
Je ein Rücken- und Vorderteil aus der gleichen Stoffart, aber in verschiedenen Farben zuschneiden!

Material:
Bunter Stoff
(40x90 cm, z.B. Faschingsstoff)
Hosengummi
Schrägband

So wird's gemacht:
1. Bei je einem Vorder- und einem Rückenteil Schulter- und obere Ärmelnaht schließen.
2. Untere Ärmel- und die Seitennaht schließen.
3. Innere Beinnaht schließen.
4. Ein Anzugteil auf rechts drehen, in das andere Teil stecken und den Schritt mit Stecknadeln feststekken. Schrittnaht nähen.
5. Den Halsausschnitt vorne bis zur markierten Stelle im Rückenteil schließen.
6. Halsausschnitt mit Schrägband einfassen, evtl. Faltenband oder großen Kragen aufnähen.
7. Den Overall beliebig mit Pompons, Schleifen oder großer Krawatte schmücken.

Clown-Overalls sind kunterbunt am schönsten. Hier aus Faschingsstoff.

Charakterpuppen

Liebenswerte Omas und Opas, gemütliche Marktfrauen, kauzige Professoren, Hexen, Zauberer und Wichtelmänner... Charakterpuppen sind eine ausgesprochen reizvolle Aufgabe für Puppenmacher. Ihrer Fantasie sind keine Grenzen gesetzt!

Typische, markante Gesichtszüge werden besonders betont und dürfen ruhig bis zur Karikatur übertrieben werden.

Hier zeigen wir Ihnen Schritt für Schritt, wie ein Charakterkopf entsteht:

Großvater und Professor: zwei Herren mit Charakter

Charakterkopf

Sie brauchen:
Material und Werkzeug (siehe ab Seite 8), zusätzlich Bastelkleber

Gliederpuppen-Kopf herstellen wie ab Seite 12 beschrieben – noch kein Gesichtstrikot aufziehen! Dazu kommen nun noch einige Feinarbeiten. Nehmen Sie sich ein bißchen Zeit:

Die Nase
Nase abmessen und eine Masche aufschneiden. Bitte wirklich nur eine Masche, sonst quillt zuviel Watte heraus.

Mit der Nadel vorsichtig noch etwas mehr Watte herauszupfen und formen, bis Ihnen die Nasen-Grundform gefällt. »Charakternasen« können ruhig ein paar Nummern größer ausfallen!

Nun wird die Wattenase mit Bastelkleber eingestrichen.

Wenn der Leim angetrocknet ist, können Sie Einzelheiten, z.B. die Nasenflügel, modellieren. Probieren Sie aus, ob Sie lieber nur mit den Fingern oder mit Häkelnadel oder anderen Werkzeugen formen.

Wenn Sie wollen, drücken Sie noch Nasenlöcher mit der Häkelnadel ein.

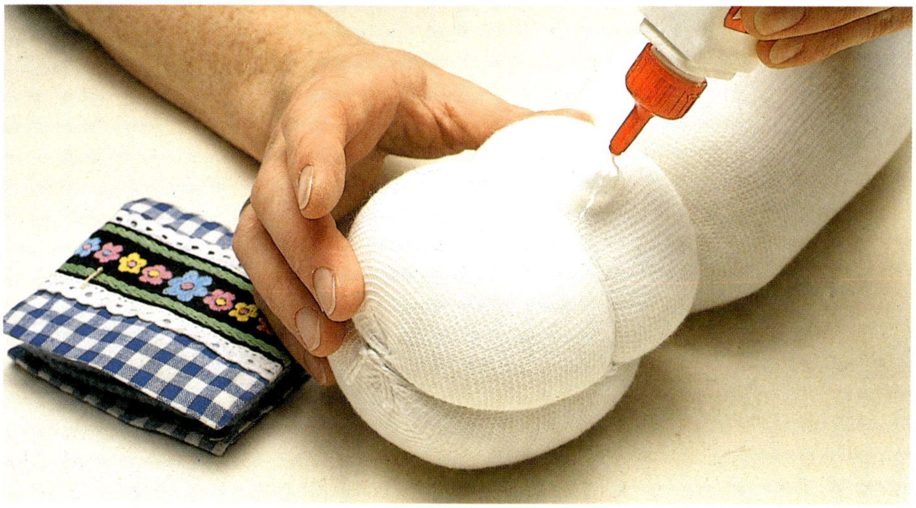

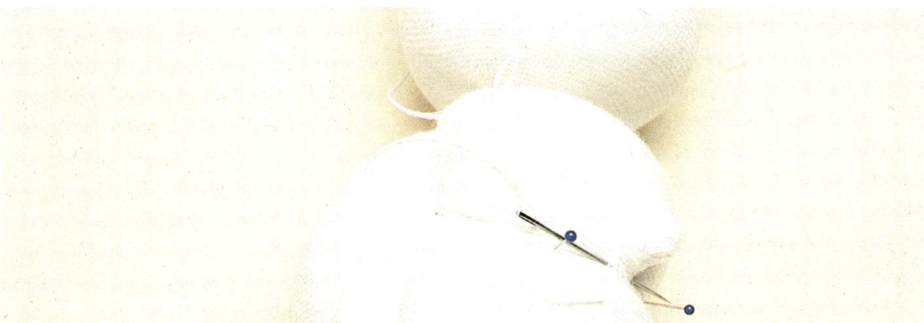

Die Wangen
Jetzt binden Sie die Wangen mit dikkem weißen Zwirn ab:

Fädeln Sie das Abbindgarn auf eine lange spitze Nadel, und stechen Sie vom Nacken aus unter das Vlies. Vor dem Kinnfaden kommen Sie wieder heraus.

Den Faden auf dem Schlauchverband bis zur Nase (Augenfaden) führen und unter der Nase durchstechen.

Auf der anderen Seite wieder vor dem Kinnfaden einstechen und schließlich beim Anfangspunkt wieder herauskommen.

Ziehen Sie beide Fadenenden auf dem Hinterkopf fest und verknoten Sie sie. Stechen Sie mit der Nähnadel unter den Schlauchverband und lockern das Vlies etwas auf: Formen Sie die Bakken ganz wie Sie wollen.

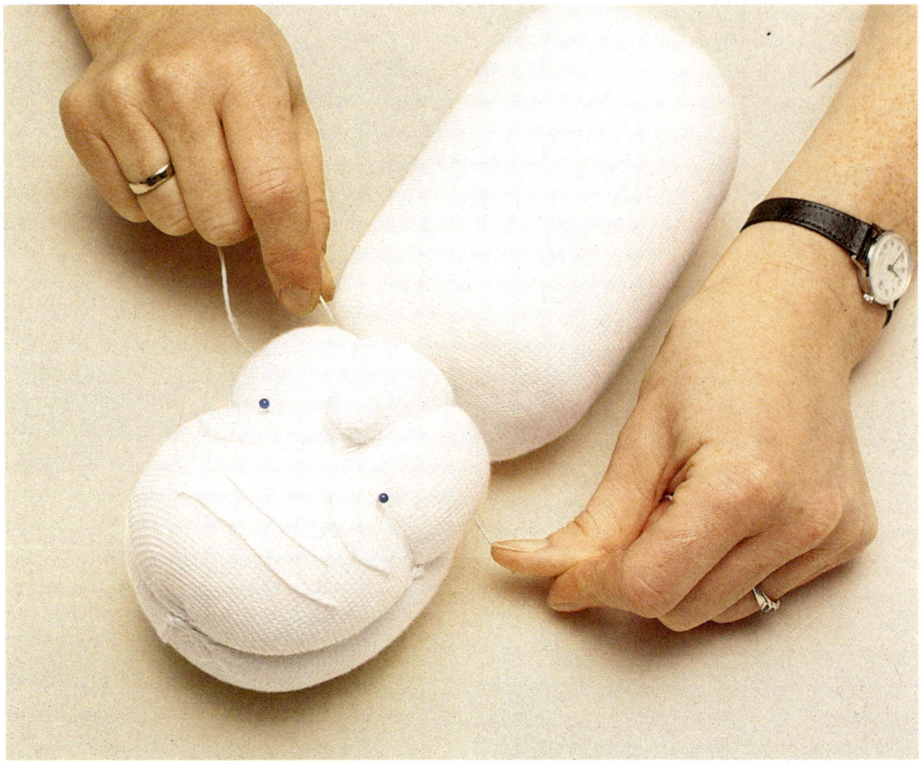

Der Mund
Auch der Mund kann abgebunden und ausdrucksvoll modelliert werden:

Mit Stecknadeln markieren Sie die Mund-Mitte – etwa 1 - 1,5 cm mittig unter der Nase – sowie den rechten und linken Mundwinkel. Damit der Mund freundlich wirkt, setzen Sie die Mundwinkel etwa 0,5 cm höher als den Mittelpunkt.

Fädeln Sie weißen Abbindefaden auf eine lange spitze Nadel. Nun am rechten Ohrpunkt einstechen und knapp vor dem Wangenfaden wieder herauskommen. Hier sitzt jetzt der rechte Mundwinkel.

Den Faden zur Mundmitte führen. Hier wieder in den Schlauch einstechen und den Faden zum Hinterkopf durchziehen. Dort wird er verknotet.

Mit der linken Seite machen Sie's genauso.

Jetzt kommt der Mund schon richtig plastisch heraus. Wie bei den Wangen können Sie mit der Nadel das **Kinn** formen.

Augenbrauen und Gesichtsfalten
Nun formen Sie die Augenbrauen. Markieren Sie nun die Augen mit je einer Stecknadel. Darüber kleben Sie je einen dünneren oder auch dickeren Faden, der bogenförmig oder fast gerade liegen kann.

Genauso kleben Sie auch Gesichtsfalten, zum Beispiel auf der Stirn.

Mit Leim fixieren
Jetzt streichen Sie das Gesicht mit Leim ein und lassen es etwas antrocknen. Dann den Gesichtstrikot vorsichtig auflegen, andrücken und feststecken.

Nur noch den Hals mit einem Fischerknoten (siehe Seite 17) abbinden, und der Charakterkopf ist fertig!

Wie geht's weiter?

Wie der Kopf bemalt wird, steht in Kapitel 3.2 (ab Seite 22).

Frisurenvorschläge und die Anleitung für Großvaters Glatze finden Sie in Kapitel 3.3 (Seite 30).

Körper und Kleidung übernehmen Sie von den Gliederpuppen (ab Seite 36 und 45).

Zuschneidepläne und Maße

Hier finden Sie für jede Puppe
- die Körpergröße,
- Zuschneidepläne und -anleitungen für das Wattevlies,
- die Maße für die Bauchrolle,
- den Kopfumfang sowie weitere spezielle Maßangaben.

Die Größe 1, 2 oder 3
bezeichnet die Körpergröße der Puppe von Kopf bis Fuß – auf ein bißchen mehr oder weniger kommt es nicht an!

Zuschneidepläne
Zu jeder Puppe finden Sie ein Schaubild, das ein längliches Rechteck mit Maßangaben zeigt. Dies ist der Zuschneideplan für das Wattevlies, das Sie für Kopf und Rumpf brauchen.

Das Wattevlies ist immer 4 cm dick und 15 cm breit.
Die Länge, die Sie benötigen, richtet sich nach dem Puppentyp; sie ist immer als Vlies-Gesamtlänge angegeben.

So schneiden Sie das Wattevlies zu:
Am Beispiel der Schmuse- und Gliederpuppen Größe 1 haben wir den Zuschnitt ausführlich beschrieben. Wenn Sie diesen Abschnitt vorab durchlesen, geht's ganz einfach. Bei den anderen Größen verfahren Sie entsprechend:

Schneiden Sie das Vlies in der benötigten Gesamtlänge ab. Legen Sie das Stück glatt vor sich auf den Tisch. Jetzt schneiden Sie es weiter mit der Schere nach dem jeweiligen Zuschneideplan zu. Die roten Linien zeigen Ihnen die Schnittlinien.

——— *Hier schneiden*

Schlauchverband, Abbindegarn und Trikotstoff:
Wieviel Sie davon für die Puppe Ihrer Wahl brauchen, finden Sie in den folgenden Abschnitten. Bereiten Sie Verband, Garn und Stoff entsprechend vor.

Wenn Sie das Vlies zugeschnitten, die Maße für Bauchrolle und Kopfumfang notiert und die richtigen Stoff- und Garnmengen griffbereit haben, schlagen Sie bitte wieder Seite 11 auf. Jetzt können Sie mit Kopf und Rumpf anfangen!

Schmusepuppen Niklaas, Tom

Größe 1 (20 cm) und

Clown Karlchen **Größe 1 (23 cm)**

Vlies-Gesamtlänge: 70 cm
Kopfumfang: 17 cm
Bauchrolle: 5,5 cm lang; 10 cm Umfang
Kopf: 5 cm breiter Schlauchverband, 25 cm lang
Beine: 5 cm breiter Schlauchverband, 38 cm lang (2 Stücke à 19 cm)
Arme: 4 cm breiter Schlauchverband, 32 cm lang (2 Stücke à 16 cm)
Abbindegarn weiß: 140 cm lang (bitte halbieren)
Abbindegarn haut: 50 cm lang
Trikot fürs Gesicht: ein Stück mit 12 cm (im Fadenlauf) x 11 cm zuschneiden.
Trikot für die Hände: ein Stück mit 6 cm (im Fadenlauf) x 11 cm zuschneiden.

Zuschneiden
Schneiden Sie das 70 cm lange Vlies einmal der Länge nach durch: Sie erhalten zwei 70 cm lange und 7,5 cm breite Streifen.

Einen der beiden Streifen nochmals der Länge nach durchschneiden: Das ergibt wieder zwei 70 cm lange und etwa 3,7 breite Streifen.

Aus dem ersten hiervon wird die Kopfrolle gewickelt.

Teilen Sie bitte den zweiten schmalen Streifen in zwei Lagen, eine dünnere und eine dickere. Damit umwickeln Sie später die Kopfrolle.

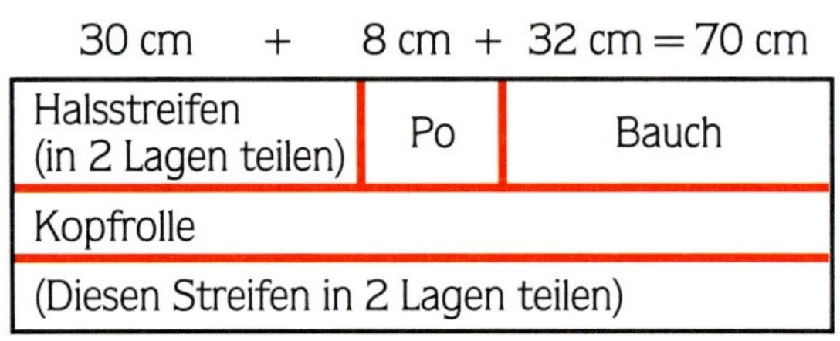

Zuschneideplan 1 für das Wattevlies, Größe 1

Zwei kleine »Fußballprofis«, auch etwas für Jungen.

Schneiden Sie nun den anderen 7,5 cm breiten Streifen in einen 30 cm langen Halsstreifen, einen 8 cm langen Po-Streifen und einen 32 cm langen Bauchstreifen.

Der Halsstreifen wird wieder in zwei Lagen geteilt.

Gliederpuppe und -Baby

Größe 1 (20 cm)

Vlies-Gesamtlänge: 70 cm
Kopfumfang: 17 cm
Bauchrolle: 5,5 cm lang; 10 cm Umfang
Kopf: 5 cm breiter Schlauchverband, 25 cm lang
Abbindegarn weiß: 140 cm lang (halbieren)
Abbindegarn haut: 50 cm lang
Gesichtstrikot: ein Stück mit 12 cm (im Fadenlauf) x 11 cm zuschneiden
Trikot für Körper, Arme und Beine: 14 cm (im Fadenlauf) x 68 cm.

Zuschneideplan und Anleitung siehe Seite 60.

Schmusepuppe Clown Karlchen

Größe 2 (35 cm)

Vlies-Gesamtlänge: 140 cm
Kopfumfang: 23 cm
Bauchrolle: 8,5 cm lang; 12 cm dick
Kopf: 5 cm breiter Schlauchverband, 35 cm lang
Beine: 5 cm breiter Schlauchverband, 44 cm lang (2 Stücke à 22 cm)
Arme: 4 cm breiter Schlauchverband, 38 cm lang (2 Stücke à 19 cm)
Abbindegarn weiß: 200 cm (halbieren)
Abbindegarn haut: 200 cm (halbieren)
Trikot fürs Gesicht: ein Stück mit 19 cm (im Fadenlauf) x 15 cm zuschneiden
Trikot für die Hände: 6 cm (im Fadenlauf) x 22 cm.

Zuschneideplan 2 siehe unten; Anleitung siehe Seite 60.

Gliederpuppe und -Baby

Größe 2 (33 cm)

Vlies-Gesamtlänge: 140 cm
Kopfumfang: 23 cm
Bauchrolle: 8,5 cm lang; 12 cm dick
Kopf: 5 cm breiter Schlauchverband, 35 cm lang
Abbindegarn weiß: 200 cm (halbieren)
Abbindegarn haut: 200 cm (halbieren)
Trikot fürs Gesicht: ein Stück mit 19 cm (im Fadenlauf) x 15 cm zuschneiden
Trikot für den Körper: 22 cm (im Fadenlauf) x 70 cm.

Zuschneideplan 2 siehe unten; Anleitung auf Seite 60.

45 cm +	40 cm +	10 cm +	45 cm = 140 cm
Halsstreifen (in 2 Lagen teilen)	Kopfrolle	Po	Bauch
(Diesen Streifen in 2 Lagen teilen)			
(Diesen Streifen in 2 Lagen teilen)			

Zuschneideplan 2 für das Wattevlies, Größe 2

Schmusepuppen Niklaas, Tom

Größe 3 (43 cm)

Vlies-Gesamtlänge: 220 cm
Kopfumfang: 29 cm
Bauchrolle: 11 cm lang; 14 cm dick
Kopf: 5 cm breiter Schlauchverband, 48 cm lang
Beine: 6 cm breiter Schlauchverband, 52 cm lang (2 Stücke à 26 cm)
Arme: 5 cm breiter Schlauchverband, 42 cm lang (2 Stücke à 22 cm)
Abbindegarn weiß: 210 cm (halbieren)
Abbindegarn haut: 210 cm (halbieren)
Trikot fürs Gesicht: ein Stück 23 cm (im Fadenlauf) x 23 cm zuschneiden
Trikot für die Hände: ein Stück 8 cm (im Fadenlauf) x 26 cm zuschneiden.

Zuschneideplan 3 siehe unten; Anleitung auf Seite 60.

Gliederpuppe und Baby

Größe 3 (43 cm)

Vlies-Gesamtlänge: 220 cm
Kopfumfang: 29 cm
Bauchrolle: 11 cm lang; 14 cm dick
Kopf: 5 cm breiter Schlauchverband, 48 cm lang
Abbindegarn weiß: 210 cm (halbieren)
Abbindegarn haut: 210 cm (halbieren)
Trikot fürs Gesicht: ein Stück 25 cm (im Fadenlauf) x 23 cm zuschneiden
Trikot für den Körper: 26 cm (im Fadenlauf) x 76 cm.

Zuschneideplan 3 siehe unten; Anleitung auf Seite 60.

Freches Mädchen, kleiner Kobold, Charakterpuppen

Wenn Sie eine dieser Puppen machen wollen, wählen Sie eine der drei Gliederpuppen-Größen 1-3. Sie können sich dann ganz nach diesen Angaben richten.

Zuschneideplan 3 für das Wattevlies, Größe 3

115 cm +	50 cm +	10 cm +	45 cm = 220 cm
Kopfrolle	Halsstreifen (in 2 Lagen teilen)	Po (in 2 Lagen teilen)	Bauch
(Diesen Streifen in 2 Lagen teilen)	Halsstreifen (in 2 Lagen teilen)		